U0294659

高职高专"十三五"规划教材

高等职业教育土建类专业"互联网+"数字化创新教材

Revit 建模案例教程

王鑫　董羽　主编

中国建筑工业出版社

图书在版编目（CIP）数据

Revit 建模案例教程/王鑫等主编.—北京：中国建筑工业出版社，2019.6（2025.2重印）
高职高专"十三五"规划教材　高等职业教育土建类专业"互联网＋"数字化创新教材
ISBN 978-7-112-23639-8

Ⅰ.①R…　Ⅱ.①王…　Ⅲ.①建筑设计—计算机辅助设计—应用软件—高等职业教育—教材　Ⅳ.①TU201.4

中国版本图书馆 CIP 数据核字（2019）第 075348 号

　　本书是一本以案例项目为主、以应用为目标的系统化、标准化建模的案例式教程，涵盖 95% 以上的建筑操作命令和部分的族制作命令，旨在让读者快速掌握模型创建及土建施工图的绘制技巧，实现读者的入门要求。本书共包含 5 个项目，项目 1：BIM 建模的基础知识；讲述 BIM 的理论和概念，旨在让读者对 BIM 有正确的了解和认知；项目 2：二层小别墅项目，以小别墅为案例，讲述传统的建筑结构形式即砖混结构，引入读者完成小别墅的建模，快速熟悉建模过程和基本方法；项目 3：办公楼项目，以办公楼为案例，讲述国内比较流行的建筑结构形式即框架结构，结合建筑结构理论知识，让学生结合已学的建筑理论知识来创建模型，理论联系实际，让学生对软件有更直观的认知；项目 4：剪力墙住宅项目，以高层剪力墙结构为例，讲述目前国内高层剪力墙结构的建模方法，从方案选型到建筑结构的设计，让学生更为直观地掌握建模的细节，加入族的制作方法，使学习内容更加全面；项目 5：餐饮中心项目，以目前较为流行的商业公共建筑为例，讲述大空间建筑的建模方法，从模型创建到施工图的出图，再到明细表的生成，比较全面地讲解建筑建模的全过程，该项目也可以作为企业技术人员的执行案例。

　　本书以典型工作过程为导向，组织、选择、强化知识以及职业素养，精心选择适合入门的建筑图纸作为载体进行讲解，简单实用，零基础快入门，每个项目均配套相应的图纸、教学视频、族文件和案例模型文件，项目均为原创。本书可作为职业院校建筑类专业的教学用书，也可作为 BIM 方向实训教材，还可作为 BIM 入门读者的自学资料与素材。

　　为更好地支持本课程的教学，我们向使用本书的教师免费提供教学课件以及相应图纸、族文件，有需要者请加《Revit 建模案例教程》QQ 群 704167418 索取。

《Revit建模案例教程》交流QQ群

责任编辑：刘平平　李阳
责任校对：李欣慰

高职高专"十三五"规划教材
高等职业教育土建类专业"互联网＋"数字化创新教材
Revit 建模案例教程
王鑫　董羽　主编

＊

中国建筑工业出版社出版、发行(北京海淀三里河路 9 号)
各地新华书店、建筑书店经销
北京佳捷真科技发展有限公司制版
建工社（河北）印刷有限公司印刷

＊

开本：787×1092 毫米　1/16　印张：18¾　字数：466 千字
2019 年 9 月第一版　　2025 年 2 月第六次印刷
定价：**38.00** 元（赠教师课件）
ISBN 978-7-112-23639-8
（33934）

前 言

　　21 世纪，建筑行业的发展是机遇与挑战并存，理念的革新、技术的更替已成为这一时期不可或缺的思考。在这一场涉及全行业人员的技术变革中，BIM 以其全新的视角与显著优势成为这一时期从量变到质变的又一标志。其内涵与外延早已超出技术本身的范畴，延伸至建筑工程行业全流程数据化管理的各方面。2006 年美国建筑师协会曾发出一项预警：不懂建筑信息模型（Building Information Modeling）的建筑师将在不久的将来失去竞争机会。随着 BIM 行业的不断发展，越来越多的教程案例涌现出来，以满足从业者的需求。但是在众多教程中，缺少实战式的案例教程，对想实现快速入门的初学者来说，可选择的较少。为满足广大 BIM 爱好者的需求，我们特联合各企业、院校，并结合项目案例编写此书，以此来实现初学者快速掌握 Revit 建筑建模设计的需求。本书在编写过程中得到企业、行业和各院校（系）的大力帮助，在此特别鸣谢沈阳建筑大学、辽宁建筑职业学院、辽宁交通高等专科学校、黑龙江职业技术学院、黄河水利职业技术学院、北京建谊投资发展（集团）有限公司、沈阳嘉图工程管理咨询有限公司、深圳市斯维尔软件科技有限公司沈阳分公司、广联达科技股份有限公司、上海鲁班软件有限公司等相关单位的大力支持，限于作者水平，书中论述难免有不妥之处，望读者批评指正。

　　本书共包含 5 个项目，项目 1：BIM 建模的基础知识；项目 2：二层小别墅项目；项目 3：办公楼项目；项目 4：剪力墙住宅项目；项目 5：餐饮中心项目。以典型工作过程为导向，组织、选择、强化知识以及职业素养，精心选择适合入门的建筑图纸作为载体进行讲解，简单实用，零基础快入门，每个项目均配套相应的图纸、教学视频、族文件和案例模型文件，项目均为原创。本书可作为职业院校建筑类专业的教学用书，也可作为 BIM 方向实训教材，还可作为 BIM 入门读者的自学资料与素材。

　　本书由辽宁城市建设职业技术学院王鑫、董羽担任主编；由辽宁城市建设职业技术学院刘鑫担任主审；杜福山、刘艳鹏、刘鑫宇、贾俊林、康淳禹、李泽熙、韩殷林、孙小非、宋家齐参编。其中，项目 3、项目 4、项目 5 由王鑫编写；项目 1、项目 2 由董羽编写。

目 录

BIM建模的基础知识

任务1 BIM 简介

1.1.1 BIM 概述

BIM（Building Information Modeling）技术是 Autodesk 公司在 2002 年率先提出，目前已经在全球范围内得到业界的广泛认可，它可以帮助实现建筑信息的集成，从建筑的设计、施工、运行直至建筑全寿命周期的终结，各种信息始终整合于一个三维模型信息数据库中，设计团队、施工单位、设施运营部门和业主等各方人员可以基于 BIM 进行协同工作，有效提高工作效率、节省资源、降低成本，以实现可持续发展。

BIM 的核心是通过建立虚拟的建筑工程三维模型，利用数字化技术，为这个模型提供完整的、与实际情况一致的建筑工程信息库。该信息库不仅包含描述建筑物构件的几何信息、专业属性及状态信息，还包含了非构件对象（如空间、运动行为）的状态信息。借助这个包含建筑工程信息的三维模型，大大提高了建筑工程的信息集成化程度，从而为建筑工程项目的相关利益方提供了一个工程信息交换和共享的平台。它不仅可以在设计中应用，还可应用于建设工程项目的全寿命周期中；用 BIM 进行设计属于数字化设计；BIM 的数据库是动态变化的，在应用过程中不断在更新、丰富和充实。如图 1-1 所示。

1.1.2 BIM 技术的基本特点

1. 可视化

可视化即"所见所得"的形式，BIM 提供了可视化的思路，让人们将以往的线条式的构件形成一种三维的立体实物图形展示在人们的面前，如图 1-2 所示。

2. 协调性

BIM 建筑信息模型可在建筑物建造前期对各专业的碰撞问题进行协调，生成协调数

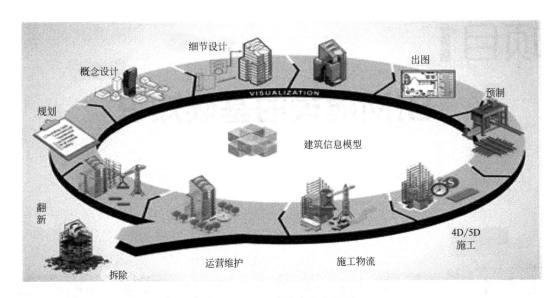

图 1-1　BIM 建筑全生命周期

图 1-2　可视化效果图

据，并提供出来。它还可以解决例如电梯井布置与其他设计布置及净空要求的协调、防火分区与其他设计布置的协调、地下排水布置与其他设计布置的协调等。如图 1-3 所示。

3. 模拟性

模拟性并不是只能模拟设计出的建筑物模型，还可以模拟不能够在真实世界中进行操作的事物。如图 1-4 所示。

4. 优化性

BIM 模型提供了建筑物的实际存在的信息，包括几何信息、物理信息、规则信息，还提供了建筑物变化以后的实际存在信息。现代建筑物的复杂程度大多超过参与人员本身的能力极限，BIM 与其配套的各种优化工具提供了对复杂项目进行优化的可能。如图 1-5 所示。

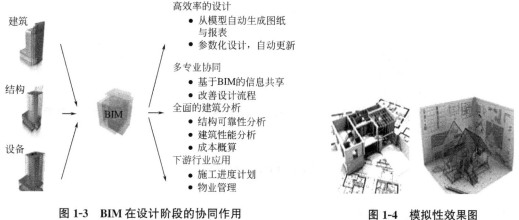

图 1-3　BIM 在设计阶段的协同作用

图 1-4　模拟性效果图

碰撞调整前

碰撞调整后

图 1-5　优化性效果图

5. 可出图性

通过对建筑物进行可视化展示、协调、模拟和优化以后，绘制出综合管线图（经过碰撞检查和设计修改，消除了相应错误）、综合结构留洞图（预埋套管图）以及碰撞检查侦错报告和建议改进方案。如图 1-6 所示。

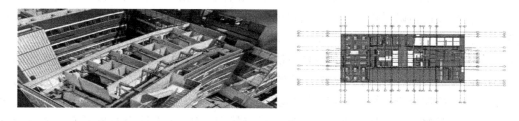

图 1-6　可出图性效果图

1.1.3　BIM 技术的优势及应用

提高设计效率，与非专业人士沟通时，能直观地显示设计成果，提高审图质量和效率，快速准确地找到图纸中的"错、漏、碰、缺"，能模拟施工，优化各道工序，方便施工阶段的交流沟通，方便运行维护阶段的工作。具体如图 1-7 所示。

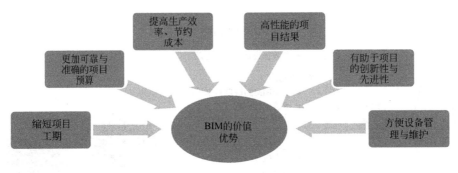

图 1-7　BIM 技术的优势

1.1.4　BIM 和 Revit 关系

BIM 是一种理念、一种技术，而 Revit 是一个软件，来支持 BIM 的理念，是应用于设计阶段用于建立模型的软件，是 BIM 软件之一。

建筑信息化模型（BIM）的英文全称是 Building Information Modeling，是一个完备的信息模型，能够将工程项目在全生命周期中各个不同阶段的工程信息、过程和资源集成在一个模型中，方便地被工程各参与方使用。通过三维数字技术模拟建筑物所具有的真实信息，为工程设计和施工提供相互协调、内部一致的信息模型，使该模型达到设计施工的一体化，各专业协同工作，从而降低了工程生产成本，保障工程按时按质完成。

BIM 能够帮助建筑师减少错误和浪费，以此提高利润和客户满意度，进而创建可持续性更高的精确设计。BIM 能够优化团队协作，其支持建筑师与工程师、承包商、建造人员与业主更加清晰、可靠地沟通设计意图。

Revit 是 Autodesk 公司一套系列软件的名称。Revit 系列软件是为建筑信息模型（BIM）构建的，可帮助建筑设计师设计、建造和维护质量更好、能效更高的建筑。

使用 Revit 可以导出各建筑部件的三维尺寸和体积数据，为概预算提供资料，资料的准确程度同建模的精确成正比，在精确建模的基础上，用 Revit 建模生成的平立图完全对得起来，图面质量受人的因素影响很小，而对建筑和 CAD 绘图理解不深的设计师画的平立图可能有很多地方不交接；其他软件解决一个专业的问题，而 Revit 能解决多专业的问题。Revit 不仅有建筑、结构、设备，还有协同、远程协同，带材质输入到 3DMAX 的渲染、云渲染，碰撞分析，绿色建筑分析等功能；强大的联动功能，平、立、剖面、明细表双向关联，一处修改，处处更新，自动避免低级错误；Revit 设计会节省成本，节省设计变更，加快工程周期。

1.1.5　BIM 在国内外使用情况

在英国，政府明确要求 2016 年前企业实现 3D-BIM 的全面协同。

在美国，政府自 2003 年起，实行国家级 3D-4D-BIM 计划；自 2007 年起，规定所有重要项目通过 BIM 进行空间规划。

在韩国，政府计划于 2016 年前实现全部公共工程的 BIM 应用。

在新加坡，政府成立 BIM 基金；计划于 2015 年前，超八成建筑业企业广泛应用 BIM。

在北欧，挪威、丹麦、瑞典和芬兰等国家，已经孕育 Tekla、Solibri 等主要的建筑业信息技术软件厂商。

在日本，建筑信息技术软件产业成立国家级国产解决方案软件联盟。

在中国，无论政府还是行业巨头，对 BIM 的发展预期远不如上述国家明确乐观，对数字化目标和标准制定表述暧昧，但 BIM 趋势已经明朗。相比 2014 年，中国 BIM 普及率超过 10%，BIM 试点提高近 6%。

中国第一高楼——上海中心大厦、北京第一高楼——中国尊、华中第一高楼——武汉中心大厦等应用 BIM 的中国工程项目层出不穷。其中，中国博览会会展综合体工程证明：通过应用 BIM 可以排除 90% 图纸错误，减少 60% 返工，缩短 10% 施工工期，提高项目效益。

国内 BIM 实践虽然存在问题，但都是已经暴露的问题；问题一旦暴露，就会有解决的希望。而且国内在建设工程体量方面远远领先世界，有更广阔的 BIM 应用空间。

任务 2　Revit 基本命令介绍

1.2.1　Revit 工作界面

在"最近使用的文件"界面中，还可以单击相应的快捷图标打开、新建项目或族文件，也可以查看相关帮助和在线帮助。如图 1-8 所示。

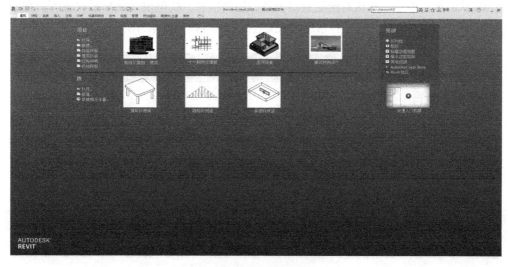

图 1-8　Revit 工作界面

选项中还能设置"保存提醒时间间隔"、"选项卡"的显示和隐藏、文件保存位置等。如图 1-9 所示。

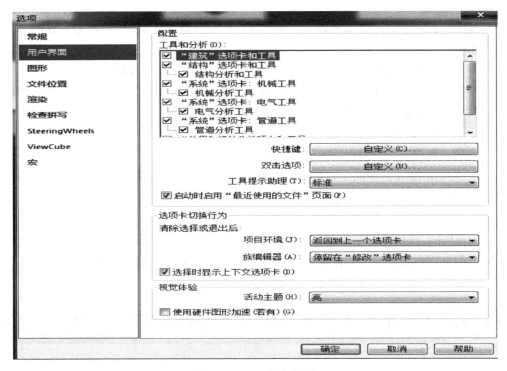

图 1-9　Revit 用户界面

1. 项目文件

在 Revit 建筑设计中,新建一个文件是指新建一个"项目文件",创建新的项目文件是开始建筑设计的第一步。当在 Revit 中新建项目时,系统会自动以一个后缀名为.rte 的文件作为项目的初始条件,这个.rte 格式文件即是样板文件。其定义了新建项目中默认的初始参数,如项目默认的度量单位、默认的楼层数量设置、层高信息、线型设置和显示设置等。在 Revit 2018 中创建项目文件时,可以选择系统默认配置的相关样板文件作为模板。如图 1-10 所示。

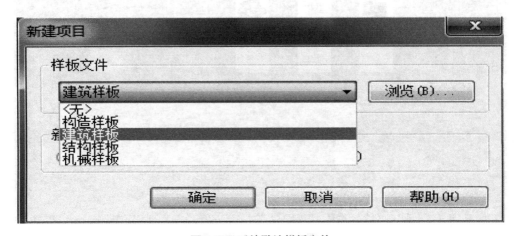

图 1-10　系统默认样板文件

2. 新建项目

单击该工具栏中的新建按钮，然后即可在打开的新建项目，在对话框中选择项目按钮，然后单击浏览，选择自己需要的项目样板即可。

3. 项目信息

切换至管理选项卡，在设置面板中单击项目信息按钮，系统将打开项目属性对话框，即可依次在【项目发布日期】，【项目状态】，【客户姓名】，【项目名称】和【项目编号】文本框中输入相应的项目基本信息。且若单击【项目地址】参数后的【编辑】按钮，还可以输入相应的项目地址信息。如图 1-11 所示：

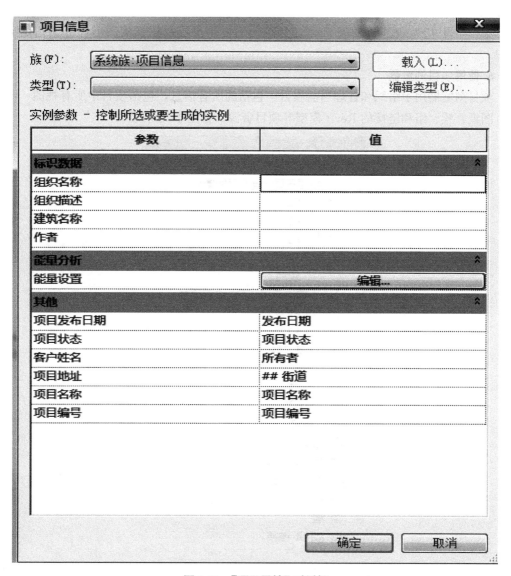

图 1-11　【项目属性】对话框

4. 项目单位

首先，在 revit 中打开待编辑的 BIM 模型。

依次单击"管理"选项卡-"项目单位"按钮。

在弹出的"项目单位"对话框中，首先设置对应的规程，比如"结构"。

在需要修改的项目，比如力矩或者体量后点击"格式"按钮，依据自己的实际需要，可以设置格式为公制的毫米或英制的英尺。单位符号建议设置为"无"，最后点击"确定"即完成了所有设置。

5. 捕捉设置

有两种方法：第一种在"管理——捕捉"里面进行设置，在里面我们可以勾选所需要的捕捉方式，第二种在画一个"参照平面"的时候，点击右键，就可以选择需要捕捉的方式。

保存项目文件：在完成图形的创建和编辑后，用户可以将当前图形保存到指定文件夹中。

6. 使用项目浏览器

项目浏览器用于组织和管理当前项目中包括的所有信息，包括项目中所有视图、明细表、图纸、族、组和链接的 Revit 模型等项目资源。如图 1-12 所示。

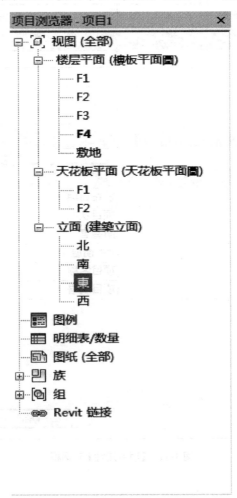

图 1-12　项目浏览器

在 Revit2018 中进行项目设计时，最常用的操作就是利用项目浏览器在各视图中进行切换，用户可以通过双击项目浏览器中相应的视图名称实现该操作。如图 1-13 就是双击指定楼层平面视图名称，切换至该视图的效果。

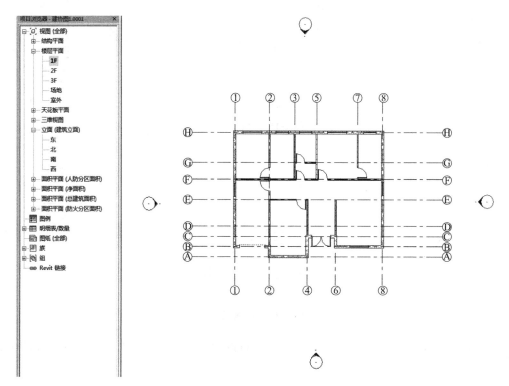

图 1-13　切换视图

7. 使用视图控制栏

在视窗口中，位于绘图区左下角的视图控制栏用于控制视图的显示状态，如图 1-14 所示。且其中的视觉样式，阴影控制和临时隐藏/隔离工具是最常用的视图显示工具，现分别介绍如下。

图 1-14　视图控制栏

Revit2018 提供了 6 种模型视觉样式：线框、隐藏线、着色、一致的颜色、真实和光线追踪。其显示效果逐渐增强，如图 1-15 所示。

此外，【视觉样式】工具栏中的【图形显示选项】选项，系统将打开【图形显示选项】对话框，如图 1-15 所示。此外，即可对相关的视图显示参数选项进行设置。

使用 Viewcube 工具，方便将视图定位至东南轴测、顶部视图等常用三维视点。默认情况下，该工具位于三视图的右上角。如图 1-16 所示。

8. 阴影控制

当指定的视图视觉样式为隐藏线，着色，一致的颜色和真实等类型时，用户可以打开

控制盘工具

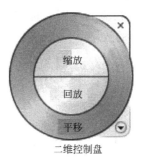

二维控制盘

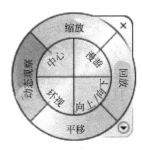

全导航控制盘

图 1-15　视图导航

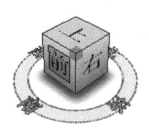

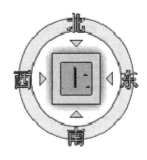

图 1-16　视图工具

视图控制栏中的阴影开关，此时视图将根据项目设置的阳光位置投射阴影，效果如图 1-17 所示。

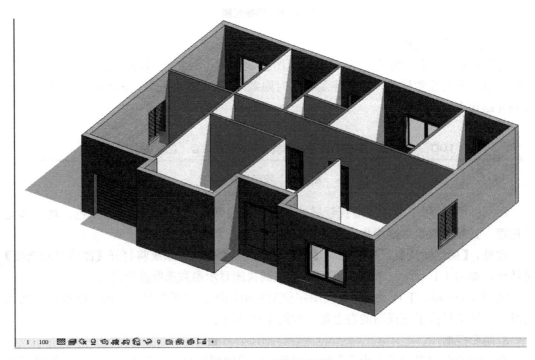

图 1-17　打开阴影视图

1.2.2　功能区命令

功能区位于快速访问工具栏下方，是创建建筑设计项目所有工具的集合。Revit2018 将这些命令工具按类别分别放在不同的选项卡面板中，如图 1-18 所示。

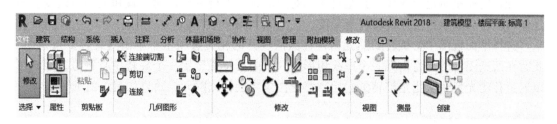

图 1-18　功能区

1. 移动

移动是图元的重定位操作，是对图元对象的位置进行操作，而方向和大小不变该操作是图元编辑命令中使用最多的操作之一。用户可以通过以下几种方式对图元进行相应的移动操作：

（1）单击拖曳

启用状态栏中的【选择时拖曳图元】功能，然后在平面视图上单击选择相应的图元，并按住鼠标左键不放，此时拖动光标即可移动该图元。

（2）箭头方向键

单击选择某图元后，用户可以通过单击键盘的方向箭头来移动该图元。

（3）移动工具

单击选择某图元后，在激活展开的相应选项卡中单击【移动】按钮🕂，然后在平面视图中选择一点作为移动的起点，并输入相应的距离参数，或者指定移动终点，即可完成该图元的移动操作，效果如图 1-19 所示。

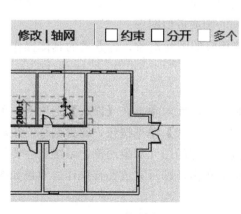

图 1-19　移动图元

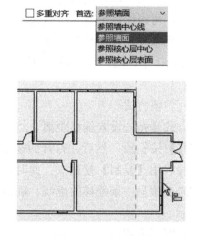

图 1-20　对齐图元

（4）对齐工具

单击选择某图元后，在激活展开的相应选项卡中单击【对齐】按钮，系统将展开【对齐】选项栏。在该选项栏的【首选】列表框中，用户可以选择相应的对齐参照方式，效果如图 1-20 所示。

2. 旋转

旋转同样是重定位操作，其是对图元对象的方向进行调整，而位置和大小不改变。该操作可以将对象绕指定点旋转任意角度。

选择平面视图中要旋转的图元后，在激活展开的相应选项卡中单击【旋转】按钮，此时在所选图元外围将出现一个虚线矩形框，且中心位置显示一个旋转中心符号。用户可以通过移动光标依次指定旋转的起始和终止位置来旋转该图元，效果如图 1-21 所示。

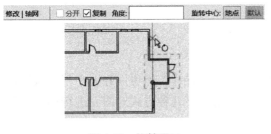

图 1-21 旋转图元

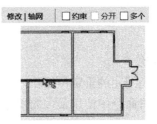

图 1-22 复制图元

3. 复制

复制其主要用于绘制具有两个或两个以上的重复性图元，且各重复图元的相对位置不存在一定的规律性。复制操作可以省去重复绘制相同图元的步骤，大大提高了绘图效率。

单击选择某图元后，在激活展开的相应选项卡中单击【复制】按钮，然后在平面视图上单机捕捉一点作为参考点，并移动光标至目标点，或者输入指定距离参数，即可完成该图元的复制操作，效果如图 1-22 所示。

4. 偏移

利用该工具可以创建出与原对象成一定距离，且形状相同或相似的新图元对象。对于直线来说，可以绘制出与其平行的多个相同副本对象：对于圆、椭圆、矩形以及由多段线围成的图元来说，可以绘制出成一定偏移距离的同心圆或近似图形。

在 Revit 中，用户可以通过以下两种方式偏移相应的图元对象，各方式的具体操作如下所述：

（1）数值方式

该方式是指先设置偏移距离，然后再选取要偏移的图元对象。在【修改】选项卡中单击【偏移】按钮，然后在打开的选项栏中选择【数值方式】单选按钮，设置偏移的距离参数，并启用【复制】复选框。此时，移动光标到要偏移的图元对象两侧，系统将在要偏移的方向上预显一条偏移的虚线。确认相应的方向后单击，即可完成偏移操作，效果如图 1-23 所示。

（2）图形方式

该方式是指先选择偏移的图元和起点，然后再捕捉终点或输入偏移距离进行偏移。在

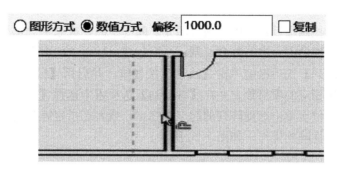

图 1-23　按数值方式偏移图元

【修改】选项卡中单击【偏移】按钮，然后在打开的选项栏中选择【图形方式】单选按钮，并启用【复制】复选框。此时，在平面视图中选择要偏移的图元对象，并指定一点作为偏移起点。接着移动光标捕捉目标点，或者直接输入距离参数即可。

5. 镜像

该工具常用于绘制结构规则，且具有对称性特点的图元。绘制这类对称图元时，只需绘制对象的一半或几分之一，然后将图元对象的其他部分对称复制即可。在 Revit 中，用户可以通过以下两种方式镜像生成相应的图元对象，各方式的具体操作如下所述。

（1）镜像-拾取轴

单击选择要镜像的某图元后，在激活展开的相应选项卡中单击【镜像-拾取轴】按钮，然后在平面视图中选取相应的轴线作为镜像轴即可，效果如图 1-24 所示。

（2）镜像-绘制轴

单击选择要镜像的某图元后，在激活展开的相应选项卡中单击【镜像-绘制轴】按钮，然后在平面视图中的相应位置依次单击捕捉两点绘制一轴线作为镜面轴即可，效果如图 1-25 所示。

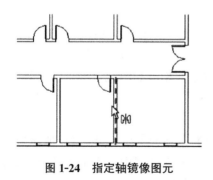

图 1-24　指定轴镜像图元

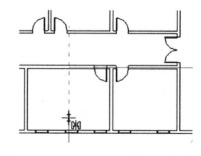

图 1-25　绘制轴镜像图元

6. 阵列

利用该工具可以按照线性或径向的方式，以定义的距离或角度复制出源对象的多个对象副本。在 Revit 中，利用该工具可以大量减少重复性图元的绘图步骤，提高绘图效率和准确性。

单击选择要阵列的图元后，在激活展开的相应选项卡中单击【阵列】按钮，系统将展开【阵列】选项栏。此时，用户即可通过以下两种方式进行相应的阵列操作。

（1）线性阵列

线性阵列是以控制项目数，以及项目图元之间的距离，或添加倾斜角度的方式，使选取的阵列对象成线性的方式进行阵列复制，从而创建出原对象的多个副本对象。

在展开的【阵列】选项栏中单击【线性】按钮，并启用【成组并关联】和【约束】复选框。然后设置相应的项目数，并在【移动到】选项组中选择【第二个】单选按钮。此时，在平面视图中依次单击捕捉阵列的起点和终点，或者在指定阵列起点后直接输入阵列参数，即可完成线性阵列操作，如图 1-26 所示。

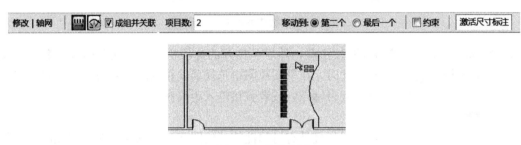

图 1-26　线性阵列

（2）镜像阵列

镜像阵列能够以任一点为阵列中心点，将阵列源对象按圆周或扇形的方向，以指定的阵列填充角度，项目数目或项目之间夹角为阵列值进行源图形的阵列复制。该阵列方法经常用于绘制具有圆周均布特征的图元。

在展开的【阵列】选项栏中单击【镜像】按钮，并启用【成组并关联】复选框。此时，在平面视图中拖动旋转中心符号到指定位置确定阵列中心。然后设置阵列项目数，在【移动到】选项组中选择【最后一个】单选按钮，并设置阵列角度参数。接着按下回车键，即可完成阵列图元的径向阵列操作。

7. 修剪/延伸

修剪/延伸工具的共同点都是以视图中现有的图元对象为参照，以两图元对象间的交点为切割点或延伸点，对于其相交或成一定角度的对象进行去除或延长操作。

在 Revit 中，用户可以通过以下 3 种工具修剪或延伸相应的图元对象，各工具的具体操作如下所述：

（1）修剪/延伸为角部

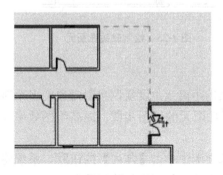

图 1-27　延伸图元

在【修改】选项卡中单击【修剪/延伸为角部】按钮，然后在平面视图中依次单击选择要延伸的图元即可，效果如图 1-27 所示。

此外，在利用该工具修剪图元时，用户可以通过系统提供的预览效果确定修剪方向。

（2）修剪/延伸单个图元

利用该工具可以通过选择相应的边界修剪或延伸多个图元。在【修改】选项卡中单击【修剪/延伸单个图元】按钮，然后在平面视图中依次单击选择修剪边界和要修剪的图元即可，效果如图 1-28 所示。

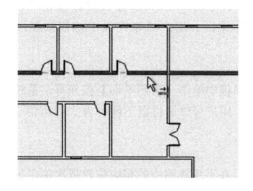 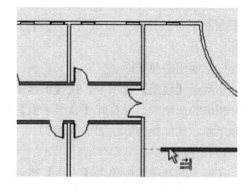

图 1-28　修剪单个图元　　　　　　　　　图 1-29　修剪并延伸多个图元

（3）修剪/延伸多个图元

利用该工具可以通过选择相应的边界修剪或延伸多个图元。在【修改】选项卡中单击【修剪/延伸多个图元】按钮，然后在平面视图中选择相应的边界图元，并依次单击选择要修剪和延伸的图元即可，效果如图 1-29 所示。

8. 拆分

在 Revit 中，利用拆分工具可以将图元分割为两个单独的部分，可以删除两个点之间的线段，还可以在两面墙之间创建定义的间隙。

（1）拆分图元

在【修改】选项卡中单击【拆分图元】按钮，并不启用选项栏中的【删除内部线段】复选框，然后在平面视图中的相应图元上单击，即可将其拆分为两部分。

此外，若启用【删除内部线段】复选框，然后在平面视图中要拆分去除的位置依次单击选择两点即可，效果如图 1-30 所示。

（2）用间隙拆分

在【修改】选项卡中单击【用间隙拆分】按钮，并在选项栏中的连接间隙文本框中设置相应的参数，然后在平面视图中的相应图元上单击选择拆分位置，即可以为设置的间隙距离创建一个缺口，效果如图 1-31 所示。

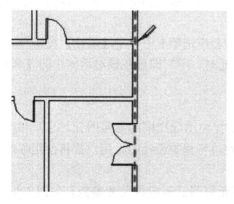 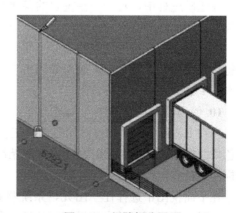

图 1-30　拆分图元　　　　　　　　　　　图 1-31　间隙拆分图元

9. 参照平面

参照平面是个平面，在某些方向的视图中显示为线。在 Revit 建筑设计过程中，参照平面除了可以作为定位线外，还可以作为工作平面。用户可以在其上绘制模型线等图元。

（1）创建参照平面

切换至【建筑】选项卡，在【工作平面】选项板中单击【参照平面】按钮，系统将展开相应的选项卡，并打开【参照平面】选项栏。用户可以通过以下两种方式创建相应的参照平面，具体操作方法如下所述：

1）绘制线

在展开的选项卡中单击【直线】按钮，然后在平面视图中的相应位置依次单击捕捉两点，即可完成参照平面的创建。

2）拾取线

在展开的选项卡中单击【拾取线】按钮，然后在平面视图中单击选择已有的线或模型图元的边，即可完成参照平面的创建，效果如图 1-32 所示。

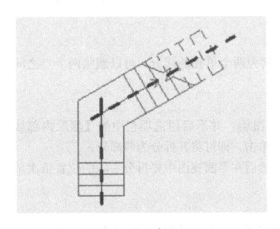

图 1-32　创建参照平面

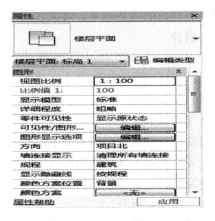

图 1-33　命名参照平面

（2）命名参照平面

在建模过程中，对于一些重要的参照平面，用户可以进行相应的命名，以便以后通过名称来方便地选择该平面作为设计的工作平面。

在平面视图中选择创建的参照平面，在激活的相应选项卡中单击【属性】按钮，系统将打开【属性】对话框，效果如图 1-33 所示。此时，用户即可在该对话框中的【名称】文本框中输入相应的名称。

10. 使用临时尺寸标注

当在 Revit 中选择构件图元时，系统会自动捕捉该图元周围的参照图元，显示相应的蓝色尺寸标注，这就是临时尺寸。一般情况下，在进行建筑设计时，用户都将使用临时尺寸标注来精确定位图元。

在平面视图中选择任一图元，系统将在该图元周围显示定位尺寸参数，如图 1-34 所示。此时，用户可以单击选择相应的尺寸参数修改，对该图元进行重新定位。

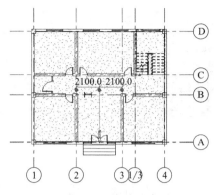

图 1-34　临时尺寸

【习题演练】

1. 在以下 Revit 用户界面中可以关闭的界面为（B）。

A、绘图区域　　　　　B、项目浏览器　　　　C、功能区　　　　D、视图控制栏

2. 视图详细程度不包括（D）

A 精细　　　　　　　B 粗略　　　　　　　　C 中等　　　　　　D 一般

3. 在 Revit 中，应用于尺寸标准参照的相等限制条件的符号是（C）

A. EO　　　　　　　B. OE　　　　　　　　C. EQ　　　　　　D. QE

4. Revit 高低版本和保存项目文件之间的关系是（A）

A 高版本 Revit 可以打开低版本项目文件，并只能保存为高版本项目文件

B 高版本 Revit 可以打开低版本项目文件，可以保存为低版本项目文件

C 低版本 Revit 可以打开高版本项目文件，并只能保存为高版本项目文件

D 低版本 Revit 可以打开高版本项目文件，可以保存为高版本项目文件

5. 在轴线"类型属性"对话框中，在"轴线中段"参数值下拉列表中选择"自定义"之后，无法定义轴线中段的哪个参数（B）

A 轴线中段宽度　　　B 轴线中段长度　　　C 轴线中段颜色　　D 轴线中段填充图案

6. Revit 中创建第一个标高 1F 之后，复制 1F 标高到上方 3900 处，生成的新标高名称为（B）

A 2F　　　　　　　　B 1G　　　　　　　　C 2G　　　　　　　D 以上都不对

任务 3　Revit 建筑设计基本操作

1. 单击选择

在图元上直接单击进行选择是最常用的图元选择方式。在视图中将光标移动到某一构建上，当图元显示亮起时单击，即可选择该图元。

此外，当按住 Ctrl 键，且光标箭头右上角出现"＋"符号时，连续单击选取相应的图元，可一次性选择多个，如图 1-35 所示。

图 1-35　单机选择

2. 框选

首先单击确定第一个对角点，其次向右侧移动鼠标，此时选取区域将以实线矩形的形式显示，最后单击确定第二个对角点后，即完成窗口选取。如图 1-36。

图 1-36　窗口选取

3. Tab 键选择

在选择图元的过程中，用户可以结合 Tab 键方便地选取视图中的相应图元。其中，当视图中出现重叠图元需要切换选择时，可以将光标移至该重叠区域，使其亮显。然后连续按下 Tab 键，系统即可在多个图元之间循环切换以供选择。

4. 图元的过滤

选择多个图元后，尤其是利用窗选和交叉窗选等方式选择图元时，特别容易将一些不需要的图元选中。此时，用户可以利用相应的方式从选择集中过滤不需要的图元。

（1）Shift 键＋单击选择

选择多个图元后，按住 Shift 键，光标箭头右上角将出现 "-" 符号。此时，连续单击选取需要过滤的图元，即可将其从当前选择集中取消选择。

（2）Shift 键＋窗选

（3）过滤器

当选择多个图元的时候，可以使用过滤器从选择中删除不需要的类别。例如，如果选择的图元中包含墙、门、窗、家具等，可以使用过滤器将家具从选择中排出。

5. 常用图元编辑

Revit 提供了移动、复制、镜像、旋转等多种图元编辑和修改工具，使用这些工具，方便地对图元进行编辑和修改操作。在使用修改工具前，必须先选择图元对象。

选择图元

点选：配合 Ctrl 键可对多个单一对象进行点选。

框选：在 Revit 软件中，通过鼠标框选批量选择图元。

Tab 键应用：当鼠标所处位置附件有多个图元，例如墙或线连接成一个连续的链，通过 Tab 键来回切换选择需要的图元类型或整条链。

命令的重复、撤销与重做

命令的重复：按 Enter 可重复调用上一次操作

命令的撤销：Esc 键　鼠标右键：取消

命令的重做：功能区"快捷功能区""重做"。快捷键：Ctrl＋Y

删除和恢复

删除

鼠标："右键""删除

快捷键：Delete ｜ Backspace

恢复

功能区：快捷键功能区"放弃"按钮

快捷键：Ctrl＋Z

对齐（AL）（图 1-37）

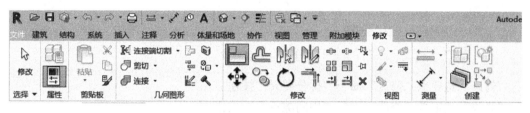

图 1-37　对齐命令

功能区："修改"选项卡"修改"面板"对齐"按钮

偏移（OF）

功能区："修改"选项卡"修改"面板"偏移"按钮

镜像（MM/DM）（图 1-38）

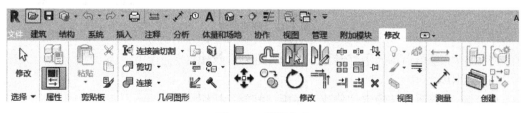

图 1-38　镜像命令

功能区："修改"选项卡"修改"面板"镜像—拾取轴｜镜像—绘制线按钮

移动（MV）

功能区："修改"选项卡"修改"面板"移动"按钮

使用"移动"命令时，希望所选对象实现"复制"操作，应该在选项栏修改移动的选项。

修剪｜延伸（TR"修剪｜延伸为角"）（图 1-39）

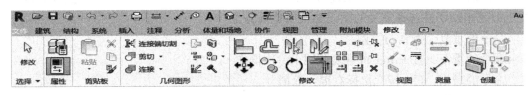

图 1-39 修剪命令

"修改"选项卡"修改面板""修剪 | 延伸为角"按钮 / "修剪 | 延伸单个图元"按钮 / "修剪 | 延伸多个图元"按钮

修剪 | 延伸只能单个对象进行处理。

拆分（SL 拆分图元）（图 1-40）

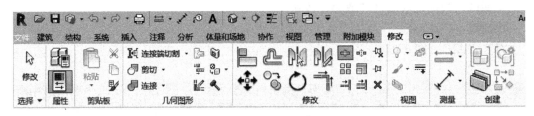

图 1-40 拆分命令

"修改"选项卡"修改"面板"拆分图元"按钮

"修改"选项卡"修改"面板"用间隙拆分"按钮

阵列（AR）（图 1-41）

图 1-41 阵列命令

功能区："修改"选项卡"修改"面板"阵列"按钮

缩放（RE）

功能区："修改"选项卡"修改"面板"缩放"按钮

使用临时尺寸标注（图 1-42）

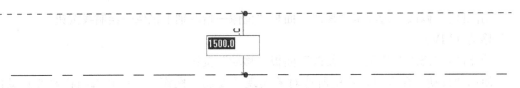

图 1-42 修改临时尺寸标注

在 Revit 中选择图元时，Revit 会自动捕捉该图元周围的参照图元，如柱体、轴线等，以指示所选图元与参照图元间的距离。可以修改临时尺寸标注的默认捕捉位置，以更好地对图元进行定位。

在修改临时尺寸标注时，除直接输入距离值之外，还可以输入"＝"号后再输入公式，Revit自动计算结果。例如，输入"＝150＊2＋750"，Revit将自动计算出结果为"1050"，修改所选图元与参照图元间的距离。

如果感觉Revit显示的临时尺寸标注文字较小，可以设置临时尺寸文字字体的大小。"选项"—"图形"—"临时尺寸标注文字外观"栏中，可以设置临时尺寸的字体尺寸及文字背景是否透明。

标高和轴网

创建标高

在Revit中，创建标高的方法有三种：绘制标高、复制标高和阵列标高。用户可以通过不同情况选择创建标高的方法。

绘制标高

在项目浏览器中展开"立面（建筑立面）"项，双击视图名称"南立面"进入南立面视图。如图1-43所示。

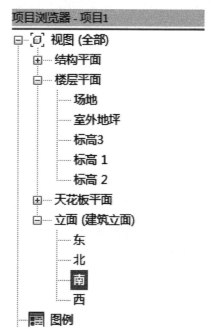

图1-43 选择南立面

调整"2F"标高，将一层与二层之间的层高修改为4.5m，如图1-44所示。

图1-44 修改标高

注意：标高单位通常设置单位为"米"。

绘制标高"F3"，调整其间隔使间距为4500mm，如图1-45所示。

图1-45 绘制标高

利用"复制"命令，创建"室内外"标高。单击"修改标高"选项卡下"修改"面板中的"复制"命令。

移动光标在标高"F2"上单击捕捉一点作为复制参考点，然后垂直向下移动光标，输入间距值 5100 后按"Enter"键确认后复制新的标高。

选择新复制的标高，单击蓝色的标头名称激活文本框，输入新的标高名称室内外后按"Enter"键确认。结果如图 1-46 所示。

图 1-46　复制标高

至此建筑的各个标高就创建完成，保存文件。

编辑标高

单击拾取标高"室内外"从类型选择器下拉列表中选择"标高：GB＿下标高符号"类型，两个标头自动向下翻转方向。结果如图 1-47 所示。

图 1-47　编辑标高

选择某个标高后在【属性】面板中的【编辑类型】选项，打开【类型属性】对话框。

任务 4　墙体和幕墙

1.4.1　基本墙

1. 创建基本墙

在 Revit 中，墙属于系统族。Revit 提供 3 种类型的墙族：基本墙、叠层墙和幕墙。所有墙类型都通过这 3 种系统族，以建立不同样式和参数来定义。

在墙【编辑部件】对话框的【功能】列表中共提供了 6 种墙体功能，即结构【1】、衬底【2】、保温层/空气层【3】、面层 1【4】、面层 2【5】和涂膜层（通常用于防水涂层，厚度必须为 0），如图 1-48 所示。可以定义墙结构中每一层在墙体中所起的作用。功能名称后面方括号中的数字，表示当墙与墙连接时，墙各层之间连接的优先级别。方括号中的数字越大，该层的连接优先级越低。当墙互相连接时，Revit 会试图连接功能相同的墙功能层，但优先级为"1"的结构层将最先连接，而优先级最低的"面层 2【5】"将最后相连。

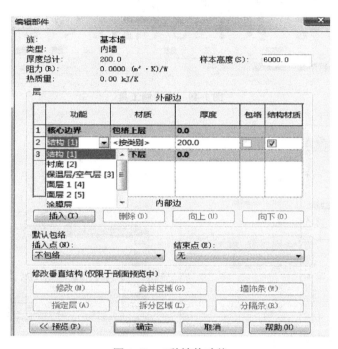

图 1-48　6 种墙体功能

在 Revit 墙结构中，墙部件包括两个特殊的功能层—"核心结构"和"核心边界"，用于界定墙的核心结构与非核心结构。所谓"核心结构"是指墙存在的条件，"核心边界"之间的功能层是核心结构，"核心边界"之外的功能层为"非核心结构"，如装饰层、保温层等辅助结构。以砖墙为例，"砖"结构层是墙的核心部分，而"砖"结构层之外的如抹灰、防水、保温等部分功能层依附于砖结构部分而存在，因此可以称为"非核心"部分。功能为"结构"的功能层必须位于"核心边界"之间。"核心结构"可以包括一个或几个结构层或其他功能层，用于生成复杂结构的墙体。

2. 编辑基本墙

打开项目文件，切换至 F1 楼层平面视图。在【建筑】选项卡下的【构建】面板中单击【墙】工具，系统打开【修改│放置 墙】上下文选项卡，如图 1-49 所示。

在【属性】面板的类型选择器中，选择列表中的【基本墙】族下面的"常规-200mm-实心"类型，以该类型为基础进行墙类型的编辑，如图 1-50 所示。

单击【属性】面板中的【编辑类型】按钮，打开墙【类型属性】对话框，单击该对话框中的【复制】按钮，在打开的【名称】对话框中输入"外墙常规-200mm-实心"，单击【确定】按钮为基本墙创建一个新类型，如图 1-51 所示。

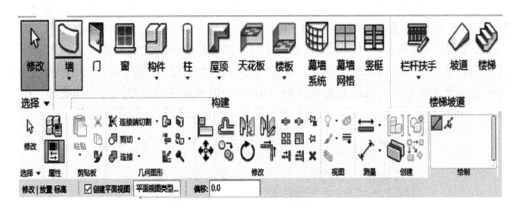

图 1-49　选择墙工具

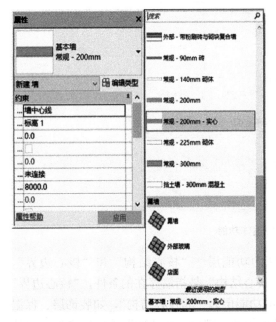

图 1-50　选择墙类型

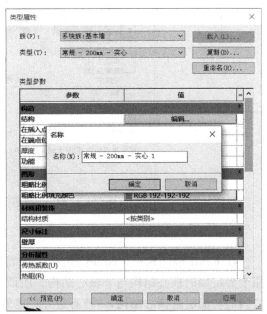

图 1-51　复制墙类型

1.4.2　幕墙

1. 幕墙简介

幕墙是一种外墙，附着到建筑结构，而且不承担建筑的楼板或屋顶荷载。在一般应用中，幕墙常常定义为薄的、通常带铝框的墙，包含填充的玻璃、金属嵌板或薄石。

幕墙是利用各种强劲、轻盈、美观的建筑材料取代传统的砖石或窗墙结合的外墙工法，是包围在主结构的外围而使整栋建筑达到美观，使用功能健全而又安全的外墙工法。幕墙范围主要包括建筑的外墙、采光顶（罩）和雨篷。

在幕墙中，网格线定义放置竖梃的位置。竖梃是分割相邻窗单位的结构图元。可通过选择幕墙并右击访问关联菜单来修改该幕墙。在关联菜单上有几个用于操作幕墙的选项。

可以使用默认 Revit 幕墙类型设置幕墙。这些墙类型提供 3 种复杂程度，可以对其进行简化或增强。

（1）幕墙　没有网格或竖梃。没有与此墙类型相关的规则。此墙类型的灵活性最强，如图 1-52 所示。

（2）外部玻璃　具有预设网格。如果设置不合适，可以修改网格规则，如图 1-53 所示。

（3）店面　具有预设网格和竖梃。如果设置不合适，可以修改网格和竖梃规则，如图 1-54 所示。

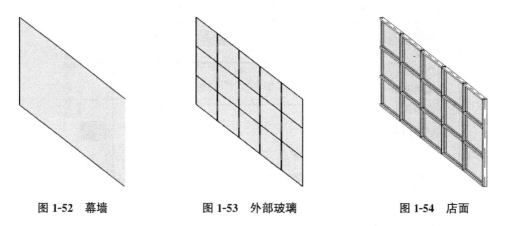

图 1-52　幕墙　　　　　　图 1-53　外部玻璃　　　　　　图 1-54　店面

2. 编辑幕墙

当选择【墙】工具后，在【属性】面板的类型选择器中选择"幕墙"，如图 1-55 所示。

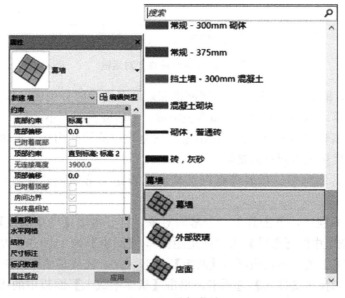

图 1-55　选择幕墙

单击该面板中的【编辑类型】选项，打开【类型属性】对话框。单击【复制】按钮，重命名类型为"外部幕墙"，如图 1-56 所示。

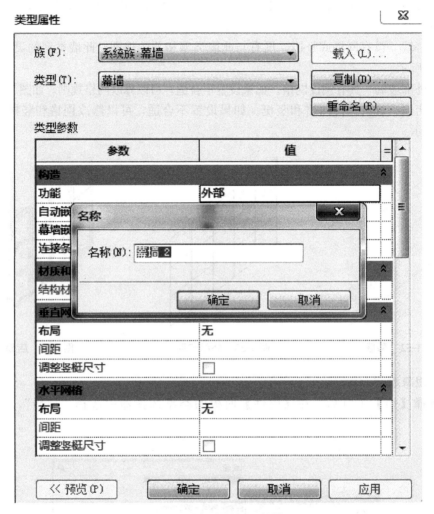

图 1-56 【类型属性】对话框

在 Revit 中，幕墙有幕墙嵌板、幕墙网格和幕墙竖梃 3 部分构成。幕墙嵌板是构成幕墙的基本单元，幕墙由一块或多块幕墙嵌板组成。幕墙嵌板的大小、数量由划分幕墙的幕墙网格决定。幕墙竖梃即幕墙龙骨，是沿幕墙网格生成的线性构件。当删除幕墙网格时，依赖于该网格的竖梃也将同时被删除。

为幕墙添加幕墙网格、幕墙竖梃以及幕墙嵌板是当幕墙创建完成后对其完善时进行的。

切换至南立面视图，单击其中一个幕墙对象，打开幕墙【类型属性】对话框。设置【垂直网格】参数组中的【布局】为"固定距离"，【间距】为 1500.0；设置【水平网格】参数组中的【布局】为"固定距离"，【间距】为 1800.0，完成幕墙网格的添加。

在功能区中切换至【插入】选项卡，单击【从库中载入】面板中的【载入库】按钮，选择 Revit 自带的建筑/幕墙。

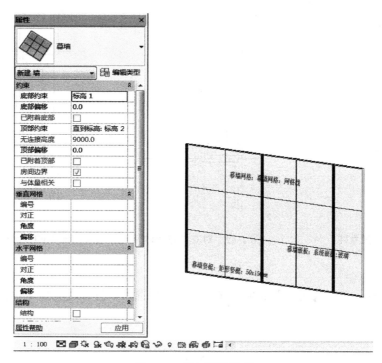

图 1-57　添加幕墙竖梃

继续打开幕墙【类型属性】对话框，分别设置【垂直竖梃】和【水平竖梃】参数组中的所有参数为"矩形竖梃：50mm×150mm"，完成幕墙竖梃添加，如图 1-57 所示。至此，完成幕墙的设置。

任务 5　柱、梁

1.5.1　建筑柱

1. 创建柱

切换至【建筑】选项卡，在【构件】面板中单击【柱】下拉按钮，选择【柱：建筑】选项。设置【属性】面板的类型选择器中的类型为"500mm×1000mm"的矩形建筑柱，在凹陷的墙体左侧单击两次建立两个建筑柱，如图 1-58 所示。

选择【修改】面板中的【对齐】工具在选项栏中启用【多重对齐】选项，设置【首选】为"参照平面"，单击外墙外侧边缘后，依次单击柱左侧边缘使之对齐，如图 1-59 所示。

退出对齐状态后，依次单击选中柱，并设置柱与四凹墙体的临时尺寸为 1000.0，完成建筑柱的建立，如图 1-60 所示。

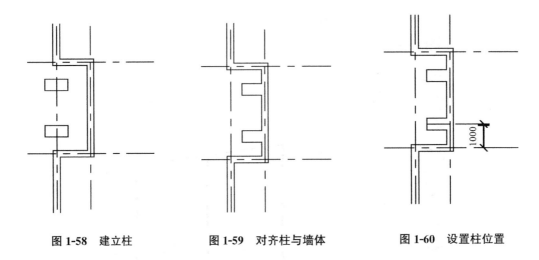

图 1-58 建立柱   图 1-59 对齐柱与墙体   图 1-60 设置柱位置

2. 编辑柱

选择建筑柱，单击【属性】面板中【编辑类型】选项，打开【类型属性】对话框，如图 1-61 所示。

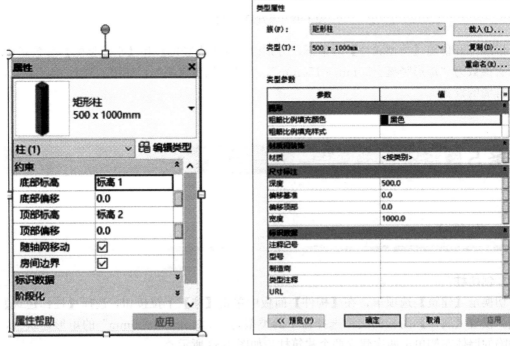

图 1-61 【类型属性】对话框

设置该对话框中的参数值，可以改变建筑柱的尺寸与材质类型。

当选择混凝土结构柱后，打开相应的【类型属性】对话框。该对话框中的参数与建筑柱【类型属性】对话框相比更为简单，除了相同的【表示数据】参数组外，【尺寸标注】只有 h 与 b 两个参数，分别用来设置结构柱的深度与宽度。

1.5.2　常规梁

1. 创建梁

切换至【结构】选项卡中，单击【结构】面板中的【梁】按钮，在打开的【修改｜放置 梁】上下文选项卡中，确定绘制方式为直线。设置选项栏中的【放置平面】为"标高：F2"，【结构用途】为"自动"，如图 1-62 所示。

图 1-62　选择【梁】工具

在【属性】面板中，确定类型选择器选择的是"矩形梁-加强版"，单击【编制类型】选项，打开【类型属性】对话框。单击【复制】按钮，复制类型为"250mm×500mm"，并设置【L-梁高】为 500.0，【L-梁宽】为 250.0，如图 1-63 所示。

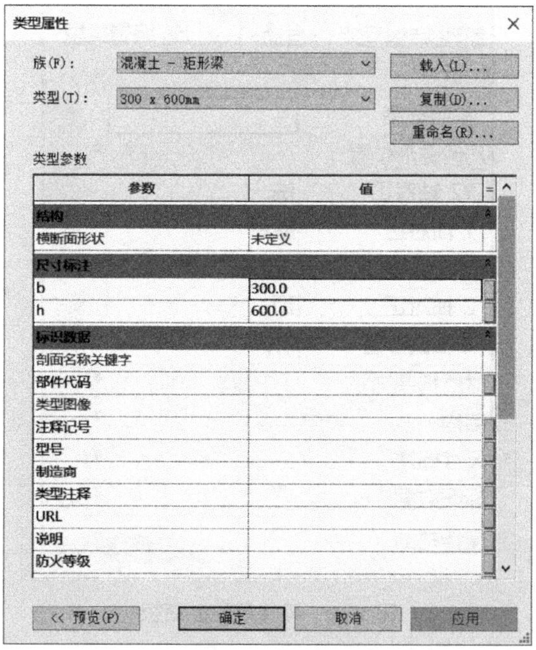

图 1-63　设置梁属性

单击【确定】按钮完成设置。在轴线 D 与 5 交点处单击后，在轴线 A 与 5 交点处单击建立垂直梁，如图 1-64 所示。

单击快速访问工具栏中的【默认三维视图】按钮。查看梁在三维视图中的效果，如图 1-65 所示。

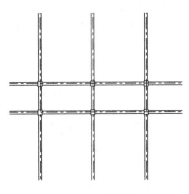

图 1-64　绘制梁

图 1-65　梁三维视图效果

2. 编辑梁

梁的属性选项众多，如图 1-66 所示。

图 1-66　梁【属性】面板

在该面板中，分别针对梁的放置位置、材质、结构、尺寸等属性分为选项组，通过设置选项组中的各个选项来完善梁的效果。

任务 6 　 门、窗

1.6.1 　 插入与编辑门

使用门工具可以方便地在项目中添加任意形式的门。在 Revit 中，在添加门之前，必须在项目中载入所需的门族，才能在项目中使用。

在平面视图中，切换至【建筑】选项卡，单击【构建】面板中的【门】按钮 ，在打开的【修改 | 放置 门】上下文选项卡中单击【模式】面板中的【载入族】按钮 。选择 China/建筑/门，选择所需要门的族文件。

单击【打开】按钮后，【属性】面板的类型选择器中自动显示该族类型，将光标指向轴线位置，单击后为其添加门图元。

退出【门】工具状态后，选中该门图元，在【属性】面板中修改数值，如图 1-67 所示。在门【类型属性】面板中，不仅能够设置门图元的尺寸，还能设置门材质，如图 1-68 所示。

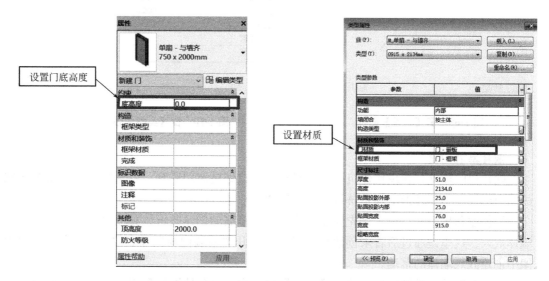

图 1-67　门【属性】面板　　　　　　　　　　图 1-68　门【类型属性】对话框

1.6.2 　 插入与编辑窗

在 Revit 中，窗是基于主题的构件，可以添加到任何类型的墙内（对于天窗，可以添加到内建屋顶),可以在平面视图、剖面视图、立面视图或三维视图中添加窗。首先要选择窗类型,其次指定窗在主体图元上位置,Revit 将自动剪切洞口并放置窗。

返回平面视图,在【建筑】选项卡中单击【构建】面板中的【窗】按钮,载入族文件,选择所需要窗的族文件,打开相应的【类型属性】对话框,如图 1-69 所示。设置相关的参数选项,复制该类型窗。在【属性】面板中设置该面板中的【底高度】,如图 1-70 所示。将光标指向轴线位置,单击插入窗图元。

图 1-69 窗【属性】面板	图 1-70 窗【类型属性】对话框

嵌套幕墙门窗

除常规门窗外,在现代建筑设计中经常有入口处玻璃门联穿、带形窗、落地窗等特殊的门窗形式,但其外形上却是幕墙加门窗形式。

要创建幕墙中的门窗,首先要创建幕墙,而幕墙的创建既可以独立创建,也可以基于墙体嵌入。这里是通过后者来创建幕墙门窗。打开"幕墙门窗"项目文件,在 F1 平面视图中创建嵌入墙体的幕墙。

切换至默认三维视图中,选择【构建】面板中的【幕墙网格】工具,打开【修改 | 放置 幕墙网格】上下文选项卡,选择【放置】面板中的【全部分段】工具,捕捉幕墙上想要放的位置,单击创建水平网格线。

选择【放置】面板中的【一段】工具,分别捕捉嵌板上分割点创建垂直网格。

选择【构建】面板中的【竖梃】工具,选择【放置】面板中的【全部网格线】工具,在网格线上单击创建所有竖梃。

切换至【插入】选项卡，单击【从库中载入】面板中的【载入族】按钮 ▣，打开【载入族】对话框，选择 China/建筑/幕墙/门窗嵌板文件夹中的族文件。将光标指向下方中间的竖梃图元，通过循环按 Tab 键，选中所在的嵌板时单击选中该嵌板。

在【属性】面板中，设置类型选择器为刚刚载入的门嵌板类型，即可发现选中的嵌板替换为门嵌板。

任务 7　添加楼板

1.7.1　添加室内楼板

添加楼板的方式与添加墙的方式类似，在绘制前必须预先定义好需要的楼板类型，切换至【建筑】选项卡，单击【建构】面板中的楼板下拉按钮，选择【楼板：建筑选项】选项，打开【修改创建楼层边界】上下文选项卡进行草图绘制模式，如图 1-71 所示。

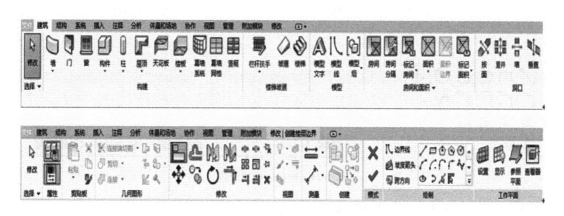

图 1-71　选择楼板工具

在【属性】面板中选择混凝土类型，单击【结构】参数右侧的【编辑部件】对话框。单击【插入】按钮两次，在结构层最上方插入结构层。单击最上方结构层的【材质】选项，在打开的【材质浏览器】对话框选择所需要的材质。设置结构层的【功能】与【厚度】选项。如图 1-72、图 1-73 所示。

当退出【类型属性】对话框后，开始绘制楼板轮廓线。单击【绘制】面板中的【拾取墙】按钮，在选项栏中设置【偏移】为 0，并启用【延伸到墙中（至核心层）】选项，依次在墙体图元上单击，建立楼板轮廓线，如图 1-74 所示。

按 Esc 键一次退出绘制模式，同时选中所有轮廓线。单击【反转】图标，将生成的楼板边界线沿着外墙核心层边界。

确定【属性】面板中的【标高】，单击【模式】面板中的【完成编辑模式】按钮，在

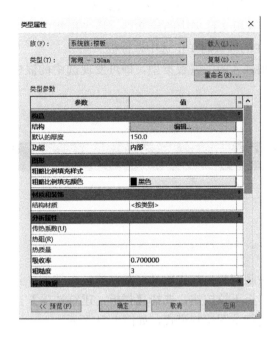

图 1-72 楼板【类型属性】对话框 　　　　　　图 1-73 设置材质

绘制

图 1-74 绘制楼板轮廓线

打开的 Revit 对话框中单击【是】按钮，完成楼板绘制。

　　由于绘制的楼板与墙体有部分的重叠，因此 Revit 提示对话框"楼板/屋顶与高亮显示的墙重叠。是否希望连接几何图形并从墙中剪切重叠的体积?"。单击【是】按钮。

切换至默认三维视图，并设置【视图样式】为"着色"可在建筑中查看楼板效果。

1.7.2　创建室外楼板

室外楼板包括室外台阶，空调挑板、雨棚挑板等建筑构件。在 Revit 中，除了通过【属性】面板中的【编辑类型】选项打开【属性类型】对话框外，还能通过【项目浏览器】面板直接打开【类型属性】对话框，对族的类型进行调整或编辑。

方法是在【项目浏览器】面板中展开【族】选项，在 Revit 中支持的所有类型中单击展开【楼板】选项，如图 1-75 所示。

图 1-75　【项目浏览器】面板

双击楼板类型，直接打开【类型属性】对话框，复制该类型为室外楼板，修改【功能】为外部，单击【结构】参数右侧的【编辑】按钮，打开【编辑部件】对话框。修改结构层材质，设置不同结构层的【厚度】选项，如图 1-76、图 1-77 所示。

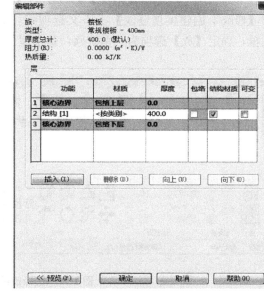

图 1-76　复制族类型　　　　　　　**图 1-77　设置室外楼板材质**

退出【类型属性】对话框后，在 F1 平面视图中选择【楼板：建筑】工具，确定绘制方式为【矩形】。设置【属性】面板中类型台阶为室外台阶，设置【自标高的高度偏移】的数据，捕捉轴线位置，建立矩形轮廓。如图 1-78 所示。

图 1-78　绘制面板

退出绘制模式后，单击【修改】面板中的【对其】按钮，选择选项栏中的【首选】为"参照核心层表面"依次单击墙体的核心层表面与楼板轮廓线进行对齐。按照上述方法，分别将楼板左侧轮廓线对齐左侧墙体核心表面层，楼板右侧的轮廓对齐右侧墙体核心层面板，通过临时尺寸线，设置楼板轮廓的宽度，完成后单击【模式】面板中的【完成编辑模式】按钮，完成楼板轮廓线绘制。

1.7.3　绘制空调挑板

在平面视图中，选择【楼板；建筑】工具，并确定绘制模式为【矩形】。在左侧参照面之间绘制空调挑板轮廓线。

将空调挑板边缘对齐墙体的核心层表面。选中该挑板图元，在相应的【类型属性】对话框中复制室外台阶，为挑板，打开【编辑部件】对话框，删除非核心层结构层，并设置核心层图层的【厚度】。选中空调挑板图元，在【属性】面板中设置【自标高的高度偏移】数据，单击【应用】按钮。

1.7.4　创建屋顶

在平面视图中，单击【构建】面板中的【屋顶】下拉按钮，选择【迹线屋顶】选项，打开【修改 | 创建屋顶迹线】上下文选项卡，如图 1-79 所示。打开相应的【属性类型】对话框，确定【族】选项为"系统族：基本屋顶"。复制为平屋顶。

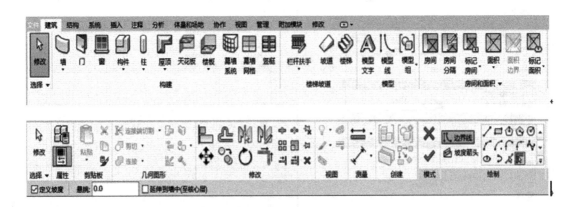

图 1-79　选择迹线屋顶工具

单击【结构】参数右侧的【编辑】按钮，打开【编辑部件】对话框。在结构层最上方新建两个结构层分别设置结构层的【功能】、【材质】与【厚度】选项，如图 1-80、图 1-81 所示。

屋顶绘制方式为【拾取墙】工具，在选项栏中禁用【定义坡度】选项，设置【悬挑】选项数据，启用【延伸到墙中（至核心层）】选项，在【属性】面板中设置【自标高的底部偏移】数据，如图 1-82 所示。

图 1-80　顶类型属性对话框

图 1-81　设置材质

图 1-82　绘制屋顶轮廓线

单击【模式】面板中的【完成编辑模式】按钮，完成屋顶的创建。切换至默认三维视图中，看屋顶效果图。

1.7.5　天花板

选择【构建】面板中的【天花板】工具后，在【属性】面板类型选择器中选择族类型，并在【类型属性】对话框中复制为当前所用名称。

单击【结构】参数右侧的【编辑】按钮，打开【编辑部件】对话框，再打开"面层 2 【5】"结构层的【材料浏览器】对话框，查找材质类型复制为当前所用名称，如图 1-83、图 1-84 所示。

 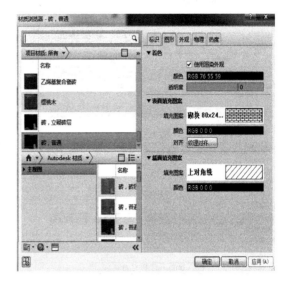

图 1-83 【类型属性】面板   图 1-84 设置材质面板

单击【确定】按钮，关闭【材料浏览器】对话框，设置【编辑部件】对话框中结构层材质参数，如图 1-85 所示。

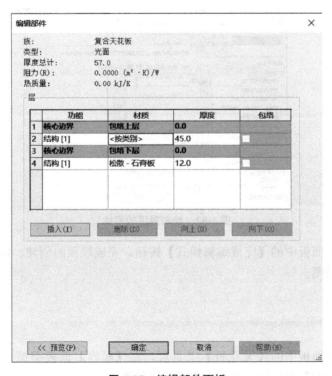

图 1-85 编辑部件面板

当在平面视图中，选择【天花板】工具后，在【修改｜放置 天花板】上下文选项卡中单击选择，默认情况下【天花板】面板中选择【自动创建天花板】工具，如图 1-86 所示。

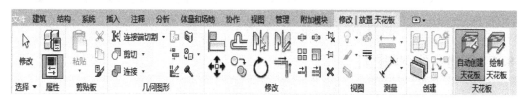

图 1-86　【自动创建天花板】工具

在【属性】面板中，设置【自标高的高度偏移】数据后，在墙体图元中间单击，这时将自动创建天花板，如图 1-87 所示。

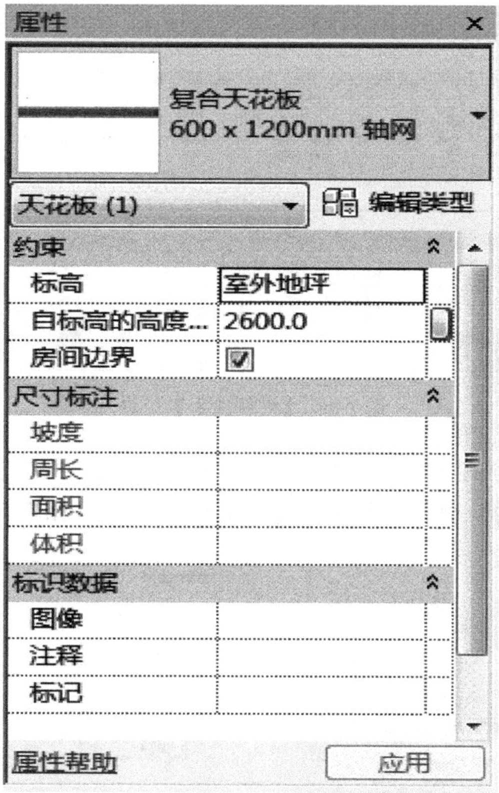

图 1-87　【属性】面板

切换至默认三维视图后，启用【属性】面板中的【剖面框】选项，单击并拖拽剖面框右侧的向左箭头图标，即可查看天花板效果图。

在【修改｜放置 天花板】上下文选项卡中，除了【自动创建天花板】工具外，还包括【绘制天花板】工具，后者主要是在未封闭的墙体中使用。

当选择【绘制天花板】工具，并设置天花板族类型后，即可按照楼板的绘制方式进行创建。采用【拾取墙】工具或者【直线】工具均可。

栏杆和楼梯

1.8.1 创建室外空调栏杆

使用【栏杆扶手】工具，可以为项目添加各种样式的扶手。在 Revit 中，既可以单独绘制扶手，也可以在绘制楼梯、坡道等主体构件时自动创建扶手。在创建扶手前，需要定义扶手的类型和结构。

在平面视图中单击【楼梯坡道】面板中【栏杆扶手】下拉按钮，选择【绘制路径】选项，切换至【修改｜创建栏杆扶手路径】上下文选项卡，如图 1-88 所示。

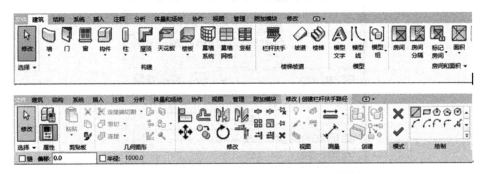

图 1-88 【栏杆扶手】工具

单击【属性】面板中的【编辑类型】选项，打开栏杆扶手的【类型属性】对话框，在该对话框中选择扶手类型，并复制该类型为当前扶手名称，如图 1-89 所示。

图 1-89 【类型属性】面板

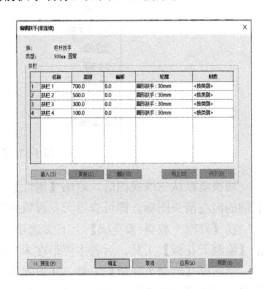

图 1-90 【编辑扶手（非连续）】对话框

在该对话框中，当复制类型后，【类型参数】列表中的参数将添加【顶部扶栏】、【扶手1】与【扶手2】参数组。

单击【扶栏结构（非连续）】参数右侧的【编辑】按钮，打开【编辑扶手（非连续）】对话框，设置【高度】以及【偏移】参数，如图 1-90 所示。

继续在该对话框中设置"扶手1"扶栏的【轮廓】，单击【材质】参数中的【编辑】按钮，打开【材质浏览器】对话框，查找材质并选择材质，之后复制为当前名称使用。采用复制后的材质，依次为所有扶栏设置【材质】参数，如图 1-91 所示。

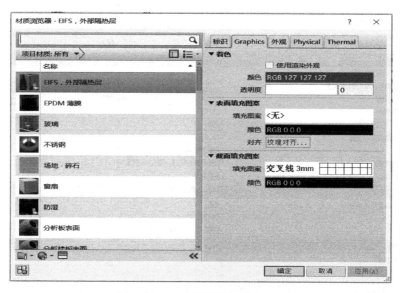

图 1-91   材质设置面板

单击【确定】按钮返回【类型属性】对话框，单击【栏杆位置】参数右侧的【编辑】按钮，打开【编辑栏杆位置】对话框，设置所有【栏杆族】选项为"无"，如图 1-92 所示。

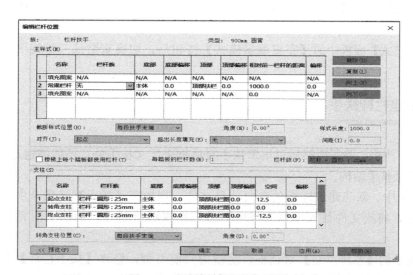

图 1-92   【编辑栏杆位置】面板

单击【确定】按钮返回【类型属性】对话框，设置【栏杆偏移】参数为 0.0，并依次设置【顶部扶栏】、【扶手 1】与【扶手 2】参数组中的【类型】均为"无"，如图 1-93所示。

图 1-93　【类型属性】面板

单击【确定】按钮返回路径绘制状态，设置【属性】面板中的【底部偏移】数据，启用【选项】面板中的【预览】选项，确定选项栏中的【偏移量】为 0，在图上绘制栏杆扶手。

单击【模式】面板中的【完成编辑模式】按钮后，切换至默认三维视图中观察空调栏杆。

1.8.2　创建栏杆扶手

在 Revit 当中，除了能够通过编辑扶手对话框来定义扶手外，还能够通过 Revit 中的系统族来定义扶手结构。

在 Revit 中，新建建筑样板的空白项目文件，切换至【插入】选项卡中，单击【载入族】按钮，将族文件载入项目文件中，然后在视图绘制任意的扶手图元，如图 1-94所示。

打开扶手的【系统类型】对话框，复制为当前类型，修改【扶手栏杆】参数组中的【类型】参数，设置【高度】数值和【栏杆偏移】数值，如图 1-95 所示。

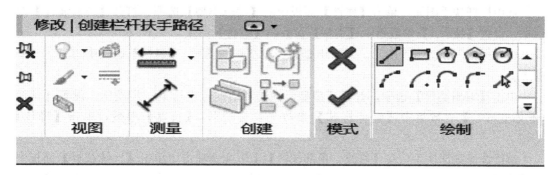

图 1-94　绘制任意扶手图元

图 1-95　【类型属性】面板

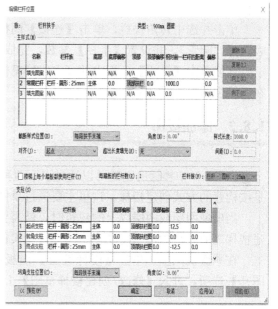

图 1-96　【编辑栏杆位置】面板

单击【栏杆位置】右侧的【编辑】按钮，打开【编辑栏杆位置】对话框。在已有的栏杆定义当中设置【顶部】选项为"顶部扶栏图元"，如图 1-96 所示。

连续单击【确认】按钮 ✔，关闭所有的对话框，单击【模式】面板中的【完成编辑模式】按钮，完成栏杆绘制。切换至默认三维视图中，查看栏杆效果。

在【项目浏览器】面板中，双击【族】|【栏杆扶手】|【扶手类型】中选择类型选项，打开【类型属性】对话框，复制该类型为当前类型，并设置【手间隙】数值、【高度】数值及【轮廓】数值，【族】参数为"无"。并在该对话框中的参数组中的各个参数分别用来设置该族类型的轮廓、材质、延伸效果等各种显示效果。

继续在该对话框中复制类型为"底部扶手"，并设置【高度】数值。按照上述方法，双击【族】|【栏杆扶手】|【顶部栏杆类型】中选择类型选项，打开【类型属性】对话框。设置【轮廓】参数为"顶部扶手轮廓：顶部扶手轮廓"，单击【确认】按钮查看顶部扶手效果。

选中栏杆扶手图元，单击【属性】面板中的【编辑类型】选项，打开【类型属性】对话框，设置【扶手1】参数组中【类型】参数和【位置】参数。

将光标指向顶部扶手图元，按 Tab 键选择顶部扶栏图元，【属性】面板中将显示一些参数。

单击【编辑类型】选项，打开【类型属性】对话框，进行下一步设置。设置【延伸（起始底部）】参数组中【延伸样式】参数为"楼层"，【长度】参数，单击【确认】按钮。

继续选择顶部扶手，在【修改│顶部扶栏】上下文选项卡中单击【连续扶栏】面板中的【编辑扶栏】按钮，进入【修改│编辑连续扶栏】选项卡。单击【工具】面板中【编辑路径】按钮，确定绘制模式为【直线】工具。捕捉扶栏中点位置单击，并连续单击绘制扶栏。

单击并选中转角扶栏，单击【连接】面板中的【编辑扶栏连接】按钮，在右侧下拉列表选择"圆管"，并设置【半径】参数，完成扶栏转角的设置。

连续单击【模式】面板中的【完成编辑模式】按钮两次，完成栏杆扶栏的编辑，即可在三维视图中查看效果。

1.8.3　添加楼梯

在 Revit 中楼梯的创建可以通过以下两种方式：一种是按草图的方式创建楼梯；一种是按构建的方式创建楼梯。这里主要通过草图的方式创建楼梯。

当出现两层或两层以上的建筑时，就需要为其添加楼梯。楼梯同样属于系统族，在创建楼梯之前必须为楼梯定义类型属性以及实例属性。

在平面视图里，单击【楼梯坡道】面板中的【楼梯】下拉按钮，选择【楼梯（按草图）】选项，进入【修改/创建楼梯草图】上下文选项卡，如图 1-97 所示。

图 1-97　【楼梯】工具

确定【属性】面板类型选择器中选择的为"整体板式-公共"类型，打开该类型的【类型属性】对话框。在该对话挂框中复制该类型为"职工食堂-室内楼梯"，设置列表中的个别参数值，具体参数值如图 1-98 所示。

在该对话框中，【材质和装饰】参数组中的各种材质是在创建楼板图元时定义完成的，这里只需要选择设置即可。

单击【确定】按钮，关闭【类型属性】对话框。在【属性】面板中确定【限制条件】选项组中的【底部标高】为 F1，【顶部标高】为 F2，【底部偏移】和【顶部偏移】均为 0；设置【尺寸标注】选项组中的【宽度】的数据。

在【属性】面板中，【尺寸标注】选项组中的选项，除【宽度】选项外，其他选项中的值均是通过【限制条件】选项组中的选项值自动算出的，通常情况下不需要改动。

图 1-98　【类型属性】面板

在【修改/创建楼梯草图】上下文选项卡中单击【工具】面板中的【栏杆扶手】按钮，在打开的【栏杆扶手】对话框中选择下拉列表中选择扶手材质，启用【踏板】选项，单击【确定】按钮，如图 1-99 所示。

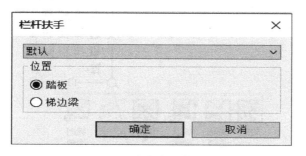

图 1-99　设置栏杆材质与位置

选择【参照平面】工具，在轴线区域中建立一条垂直、三条水平的参照平面。设置垂直参照平面与轴线之间距离，以轴线为基点，由下至上依次设置之间的距离。

💡 **技巧**

当建立多个参照平面时可以依次为其进行命名，这样就能够清晰的进行辨别。

退出参照平面绘制状态，单击【绘制】面板中的【梯段】按钮，并确定绘制方式为【直线】工具。捕捉参照平面的交点，水平向右移动光标，当提示的灰色字显示的为"创建了 19 个踢面"时单击创建梯段，继续捕捉梯段终点与参照平面的交点单击，移动光标至参照平面上的交点单击，完成第二段的梯段创建。

单击【绘制】面板中的【边界】按钮，并确定绘制方式为【直线】工具。在墙体中绘制边界线。

选择【修改】面板中的【修剪/延伸为角】工具，分别单击梯段边界绘制的独立边界，使其形成封闭边界。

选择【修改】面板中的【对齐】工具，使梯段的右侧边界对齐相邻的墙体表面。

单击【模式】面板中的【完成编辑模式】按钮，完成楼梯的创建。切换至默认三维视图，查看楼梯在建筑中的效果。

任务9 创建房间

1.9.1 创建与选择房间

只有闭合的房间边界区域才能创建房间对象。Revit 可以自动搜索闭合的房间边界，并在房间边界区域内创建房间。

打开 F1 平面视图，单击【房间和面积】面板下拉按钮展开该面板，选择【面积和体积计算】选项，打开【面积和体积计算】对话框。在该对话框的【计算】选项卡中分别启用【仅按面积（更快）】选项与【在墙核心层】选项，如图 1-100、图 1-101 所示。

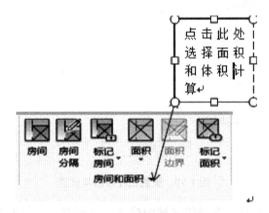

图 1-100 【面积和体积计算】面板

单击【房间和面积】面板中的【房间】按钮，进入【修改｜放置房间】上下文选项卡中，确认选中【标记】面板中的【在放置时进行标记】选项，【属性】面板中类型选择器为"标记-房间-无面积-方案-黑体"设置【上限】为 F1，设置【高度偏移】数据，如图 1-102 所示。

将光标移至轴线区域内的房间位置时，发现 Revit 自动显示蓝色房间预览线，单击即可创建房间。

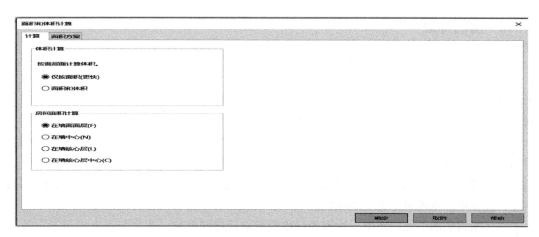

图 1-101　【房间】工具

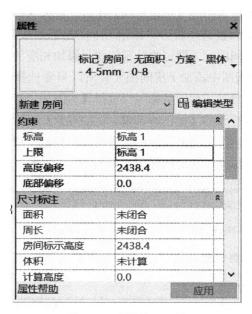

图 1-102　【属性】面板

按 Esc 键退出创建房间状态，将光标指向创建后的房间区域，当房间图元高亮显示时，单击选中该房间图元。在【属性】面板中，设置【名称】选项为"休息室"，单击【应用】按钮改变房间名称，

继续选择【房间】工具，依次在项目中单击建立相应的房间，并单击房间标签，更改房间名称。

 提示

创建房间后，还可以删除房间图元，只要选中房间图元后按 Delete 键即可，删除房间图元的同时，房间标记也随之被删除。

1.9.2　房间标记

房间与房间标记不同，但它们是相关的 Revit 构件。与墙和门一样，房间标记是可在平面视图和剖面视图中添加和显示的注释图元。房间标记可以显示相关参数的值，例如房间编号、房间名称、计算的面积和体积等参数。

由于在创建房间时，选中了【标记】面板中【在放置时进行标记】选项，所以在创建房间的同时创建了房间标记。在【项目浏览器】面板中，右击 F1 并选择关联菜单中的【复制视图】｜【复制】选项，得到 F1 副本 1 平面视图。右击 F1 副本 1 并选择【重命名】选项，设置平面视图名称为房间图例。

在复制得到的平面视图中，发现项目中没有显示房间名称。当光标指向项目时，放置的房间对象仍然存在。

选择【房间和面积】面板中的【标记房间】工具，进入【修改｜放置房间标记】上下文选项卡。确定【属性】面板选择器为"标记-房间-无面积-方案-黑体"，这时 Revit 中会高亮显示所有已放置的房间图元，即可为该房间图元添加相应的房间标记。

由于已经在 F1 平面视图中添加了房间图元，所以只要选择【房间标记】工具，单击房间区域，就会添加为设置好的房间名称。当选择【房间标记】下拉列表中的【标记所有未标记的对象】工具，在打开的【标记所有未标记的对象】对话框中选择列表中的"房间标记"，【载入的标记】为"C-房间面积标记：房间面积标记"选项，单击【确定】按钮即可自动为该视图中的所有房间添加房间标记，如图 1-103 所示。

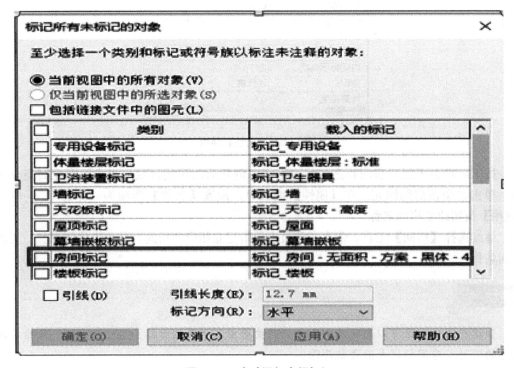

图 1-103　自动添加房间标记

1.9.3　房间图例

添加房间后可以在房间中添加图例，并采用颜色填充等方式用于更清晰地表现房间范围与分布。对于使用颜色方案的视图，颜色填充图例是颜色标识的关键所在。

确定在房间图例平面视图中，切换至【视图】选项卡，选择【图形】面板中的【可见性/图形】工具，如图 1-104 所示。打开【楼层平面：房间图例的可见性/图形替换】对话框，选择【注释类型】选项卡，在列表中禁用【剖面】、【剖面框】、【参照平面】、【立面】以及【轴网】选项，单击【确定】按钮后，关闭该对话框，房间图例平面视图中将隐藏辅助项目的轴线、剖面等参考图元，如图 1-105 所示。

图 1-104　【视图】工具栏

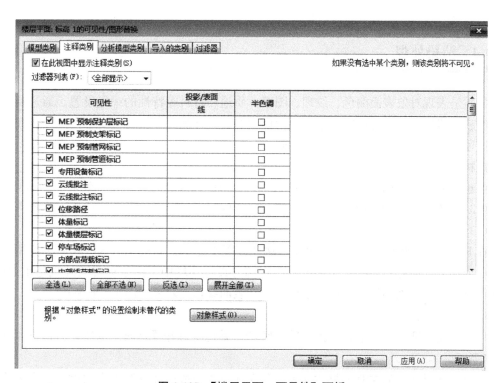

图 1-105　【楼层平面：可见性】面板

切换至【注释】选项卡，选择【颜色填充】面板中的【颜色填充图例】工具，单击视图的空白区域，在打开的【选择空间类型和颜色方案】对话框中选择【空间类型】为"房间"，【颜色方案】为"方案"，再次单击空白区域放置图例。

> **提示**
>
> ---
>
> 由于在项目中未定义方案颜色方案的显示属性，因此该图例显示为"未定义颜色"，当在多层项目中放置图例时，需要在相应的【类型属性】对话框中设置【显示的值】参数为"按视图"，这样图例就可以只显示当前视图中的房间图例。
>
> ---

切换至【建筑】选项卡，单击【房间和面积】面板下拉按钮，选择【颜色方案】选项，在打开的【编辑颜色方案】对话框中选择【类别】列表中的"房间"，设置【标题】为"房间图例"，选择【颜色】为"名称"，这时会打开【不保留颜色】对话框，单击【确定】按钮，列表中自动显示房间的填充颜色，

单击【确定】按钮，关闭【编辑颜色方案】对话框。房间平面视图中的项目房间中添加相应的颜色填充，并且右侧图例中显示颜色图例。

任务 10　渲染

1.10.1　渲染外观

材质是表现对象表面颜色、纹理、图案、质地和材料等特性的一组设置。通过将材质附着给三维建筑模型，可以在渲染时显示模型的真实外观。如果在材质中再添加相应的贴花，则可以使模型显示出照片级的真实效果。

1. 材质

创建三维建筑模型时，如果指定恰当的材质，即可完美地表现出模型效果。在 Revit 中，用户可以将材质应用到建筑模型的图元中，也可以在定义图元族时将材质应用于图元。

（1）材质简介

在 Revit 中，材质代表实际的材质，例如混凝土、木材和玻璃。这些材质可应用于设计的各个部分，使对象具有真实的外观。在部分设计环境中，由于项目的外观是重要的，因此材质还具有详细的外观属性，如反射率和表面纹理，效果如图 1-106 所示。

（2）材质设置

切换至【管理】选项卡，单击材质按钮，系统将打开【材质浏览器】对话框，如图 1-107 所示。

其中，该对话框的左侧为材质列表，包含项目中的材质和系统库中的材质；右侧为材质编辑器，包含选中材质的各资源选项卡，用户可以进行相应的参数设置。

2. 贴花

在 Revit 中，利用相应的工具可以将图像放置到建筑模型的表面上以进行渲染。例如，可以将贴花用于标志、绘画和广告牌，效果如图 1-108 所示。

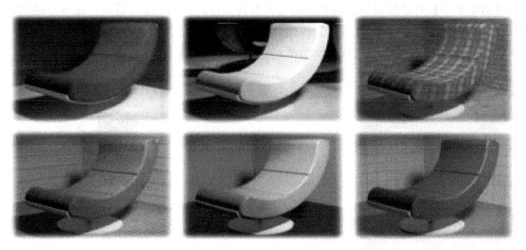

图 1-106　材质效果

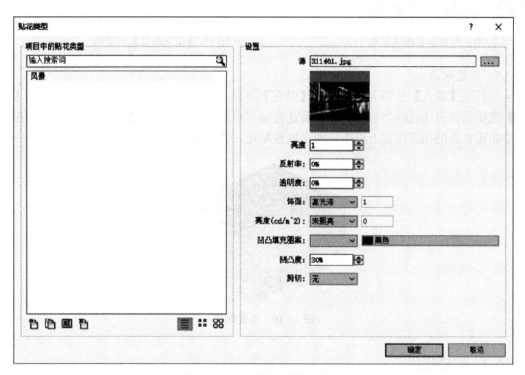

图 1-107　【材质浏览器】对话框

对于每个贴花，用户都可以指定一个图像及其反射率、亮度和纹理（凹凸贴图）。通常情况下，可以将贴花放置到水平表面和圆筒形表面上。

1）贴花类型

切换至【插入】选项卡，在【贴花】下拉列表中单击【贴花类型】按钮，系统将打开【贴花类型】对话框。

此时，单击左下角的【新建贴花】按钮，输入贴花的类型名称，并单击【确定】按钮，【贴花类型】对话框将显示新贴花的名称及其属性，如图 1-109 所示。在该对话框中，用户可以单击【源】右侧的【浏览】按钮━━，选择要添加的图像文件，还可以设置该图像的亮度、反射率、透明度和纹理（凹凸度）等贴花的其他属性。

图 1-108　附着贴花渲染效果

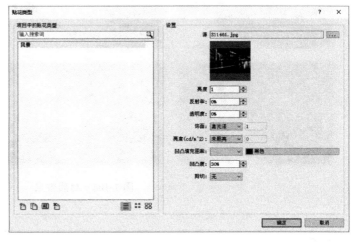

图 1-109　【贴花类型】对话框

2）放置贴花

切换至【插入】选项卡，然后在【贴花】下拉菜单中单击【放置贴花】按钮，【属性】选项板将自动选择之前所创建的贴花类型，系统将打开【贴花】选项栏。此时，在视图中指定表面的相应位置上单击，即可放置贴花，效果如图 1-110 所示。

图 1-110　放置贴花

1.10.2　渲染操作

渲染是基于三维场景来创建二维图像的一个过程。该操作通过使用在场景中已设置好的光源、材质和配景、为场景的几何图形进行着色。通过渲染可以将建筑模型的光照效果、材质效果以及配景外观等完美地表现出来。

1. 渲染设置

在渲染三维视图前，用户首先需要对模型的照明、图纸输出的分辨率和渲染质量进行相应的设置。一般情况下，利用系统经过智能化设计的默认设置来渲染视图，即可得到令人满意的结果。

切换至【视图】选项卡，单击【渲染】按钮，系统将打开【渲染】对话框，如图 1-111 所示。

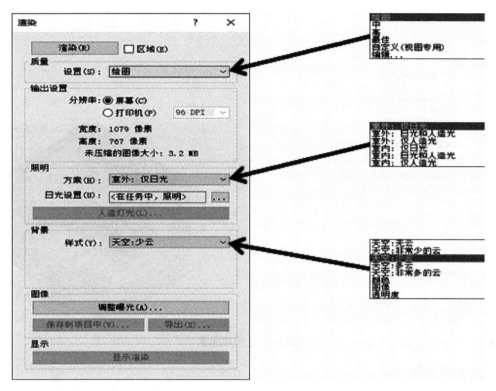

图 1-111　【渲染】对话框

2. 渲染

渲染操作的最终目的是创建渲染图像。完成渲染相关参数的设置后，即可渲染视图，以创建三维模型的照片级真实感图像。

（1）区域渲染和全部渲染

1）全部渲染

单击【渲染】对话框中上方的【渲染】按钮，即可开始渲染图像。此时系统将显示一个进度对话框，显示有关渲染过程的信息，包括采光口数量和人造灯光数量，如图 1-112 所示。

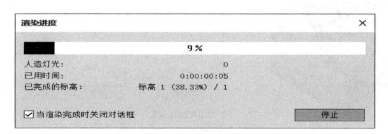

图 1-112　【渲染进度】对话框

当系统完成模型的渲染后，该进度对话框将关闭，系统将在绘图区域中显示渲染图像，效果如图 1-113 所示。

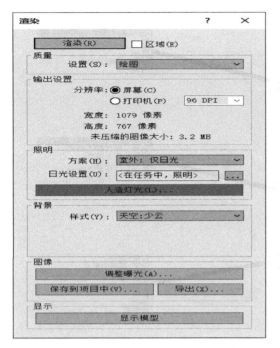

图 1-113　渲染图像

2）区域渲染

利用该方式可以快速检验材质渲染效果，节约渲染时间。在【渲染】对话框上方启用【区域】复选框，系统将在渲染视图中显示一个矩形的红色渲染范围边界，如图 1-114 所示。此时，单击选择该渲染边界，拖曳矩形的边界和顶点即可调整该区域边界的范围。

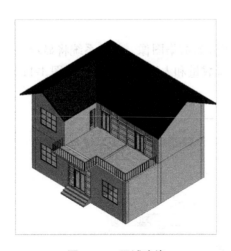

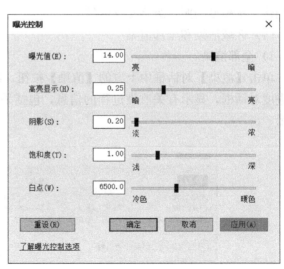

图 1-114　区域渲染

图 1-115　调整曝光

（2）调整曝光

渲染操作完成后，在【渲染】对话框中单击【调整曝光】按钮，系统将打开【曝光控制】对话框，如图 1-115 所示。此时，用户即可通过输入参数值或者拖动滑块来设置图像的曝光值、亮度和中间色调等参数选项。

任务 11　创建漫游

漫游是指沿着定义的路径移动的相机，该路径由帧和关键帧组成，其中，关键帧是指可在其中修改相机方向和位置的可修改帧。默认情况下，漫游创建为一系列透视图，但也可以创建为正交三维视图。

1.11.1　创建漫游路径

在 Revit 中，创建漫游视图首先需要创建漫游路径，然后在编辑漫游路径关键帧位置的相机位置和视角方向。创建漫游路径的关键是在建筑的出入口、转弯和上下楼等关键位置放置关键帧，效果如图 1-116 所示。其中，蓝色的路径线即为相机路径，而红色的圆点则代表关键帧的位置。创建漫游路径的具体操作方法介绍如下。

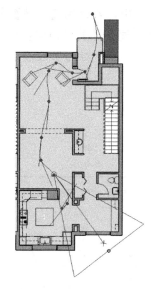

图 1-116　漫游路径

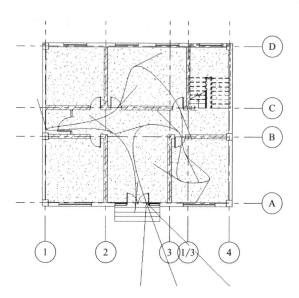

图 1-117　创建漫游路径

打开要放置漫游路径的视图，然后切换至【视图】选项卡，在【三维视图】下拉菜单中单击【漫游】按钮，系统将打开【漫游】选项栏。此时，启用【透视图】复选框，并设置视点的高度参数。接着，移动光标在视图中的相应位置，沿指定方向依次单击放置关键帧，即可完成漫游路径的创建，效果如图 1-117 所示。

1.11.2　漫游预览与编辑

完成漫游视图的创建后，用户可以随时预览其效果，并编辑其路径关键帧的相机位置和视角方向，以达到满意的漫游效果。

打开漫游视图，单击选择视图边界，系统将展开【修改│相机】选项卡，如图 1-118 所示，在该选项卡中即可预览并编辑漫游视图。

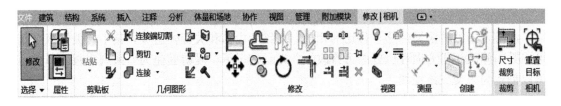

图 1-118　【修改│相机】选项卡

1.11.3　设置漫游帧

在【编辑漫游】选项栏中单击【帧设置】按钮，系统将打开【漫游帧】对话框，如图 1-119 所示。

此时，即可对漫游过程中的各帧参数进行相应的设置。其中，若禁用【匀速】复选框，还可以对各关键帧位置处的速度进行单独设置，以加速或减速在某关键帧位置相机的移动速度，模拟真实的漫游进行状态，效果如图 1-120 所示。该加速器的参数值范围为 0.1～10。

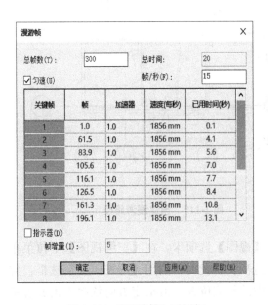

图 1-119　【漫游帧】对话框

图 1-120　设置漫游帧参数

1.12.1　添加地形表面

Revit 中场地工具用于创建项目的场地，而地形表面的创建方法包括两种：①通过放置点方式生成地表面。②通过导入数据的方式创建地形表面。

打开场地平面视图切换至【体量和场地】选项卡，单击【场地建模】面板中的【地形表面】按钮，在打开的【修改 | 编辑表面】上下文选项卡中，默认为【放置点】工具，在选项栏中设置【高程】数值下拉列表中选择"绝对高程"选项，如图 1-121 所示。

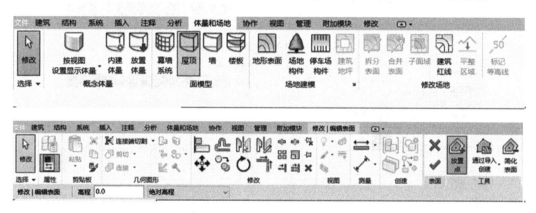

图 1-121　选择【地形】表面工具

在项目周围的适当位置（左上角、右上角、右下角、左下角）连续单击，放置高程点，如图 1-122 所示。

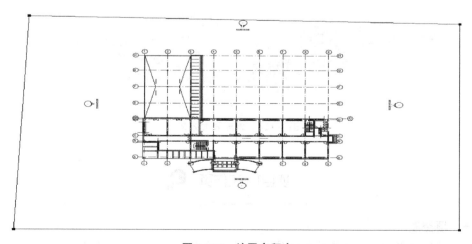

图 1-122　放置高程点

连续单击 Esc 键两次退出放置高程点状态，单击【属性】面板中【材质】选项右侧的【浏览器】按钮，打开【材质浏览器】对话框，如图 1-123 所示。选择材质复制为当前材质，将指定给地形表面。

单击【表面】面板中的【完成表面】按钮，完成地形表面的创建。

如图 1-124 所示。

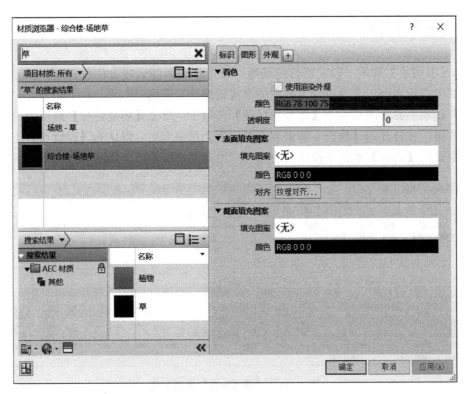

图 1-123　设置地形表面材质

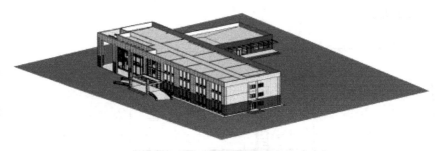

图 1-124　地形表面效果

项目1　工作页

一、填空题

1.在建筑总平面图中建筑物的定位尺寸包括尺寸定位和_____定位。

2. 结构施工图由_____、_____、构件详图等组成。

3. BIM 的特点有_____、_____、优化性。

4. 参数化设计是 Revit 的一个重要思想，它可分为两部分，分别是参数化图元与_____。

5. 在平面视图中创建门之后，按_____键能切换门的方向。

6. 视图详细程度包括_____、_____、中等。

7. 在 Revit 中，应用于尺寸标注参照的相等限制条件符号是_____。

8. 可以将等高线数据导入 Revit 自动生成地形表面的格式是_____、_____、dfx、dgn。

9. 将相机目标位置恢复到剪裁中心的命令是_____。

10. 使用"对齐"编辑命令时，要对相同的参照图元执行多重对齐，请按住_____键。

11. 导入场地生成地形的 DWG 文件必须具有_____数据。

12. 在幕墙网格上放置竖梃时如何部分放置竖梃按住_____键。

13. 缩放匹配的默认快捷键是_____。

14. 相当于复制并旋转建筑构件的命令有_____。

15. 用"拾取墙"命令创建楼板，使用_____键切换选择，可一次选中所有外墙，单击生成楼板边界。

16. 放置构件对象时中点捕捉的快捷方式是_____。

17. 楼板的厚度决定于_____。

18. 新建视图样板时，默认的视图比例是_____。

19. 符号只能出现在_____视图。

20. Revit Building 提供_____种方式创建斜楼板。

21. 新建的线样式保存在_____中。

22. 可以直接应用于模型填充图案线的操作是_____、_____。

23. Revit 的线宽命令中包含个选项卡有_____、_____、透视视图线宽。

24. 剖面图主要表达建筑物内部的_____构造。

25. BIM5D 模型主要包括_____、_____、成本。

二、单项选择题

1. 下列不属于建筑信息模型（Building Information Modeling）的特点表述正确的是（　　）。

A. 可视化、协调性、模拟性、优化性、可出图形

B. 可视化、协调性、自动性、优化性、联动性

C. 可视化、协调性、模拟性、自动性、可出图形

D. 可视化、协调性、管理性、优化性、可出图形

2. 关于弧形墙的修改，下面说法正确的是（　　）。

A. 弧形墙不能插入门窗

B. 弧形墙不能用"编辑轮廓"命令

C. 弧形墙不能应用"附着顶/底"命令

D. 弧形墙不能应用"墙洞口"命令

3. 下列有关 BIM 数据文件和数据库多种形式数据交互常用格式无错误的是（　　）。

A. IFC、CSV　　　　B. DWG、IFC　　　　C. SAT、PNG　　　　D. EXE、SAT

4. 创建楼板时，在修改栏中绘制楼板边界不包含命令（　　）。

A. 边界线　　　　　B. 跨方向　　　　　C. 坡度箭头　　　　D. 默认厚度

5. 在以下 Revit 用户界面中可以关闭的界面为（　　）。

A. 绘图区域　　　　B. 项目浏览器　　　C. 功能区　　　　　D. 图控制栏

6. 定义平面视图主要范围的平面不包括以下哪个面（　　）。

A. 顶部平面　　　　B. 底部平面　　　　C. 剖切面　　　　　D. 标高平面

7. 在链接模型时，主体项目是公制，要链入的模型是英制，如何操作（　　）。

A. 把公制改成英制再链接　　　　　　　B. 把英制改成公制再链接

C. 不用改就可以链接　　　　　　　　　D. 不能链接

8. 创建结构柱，选项栏设置为 F1，高度设置为未连接，输入 2500 数值，创建该结构柱之后属性栏显示（　　）。

A. 底部标高为"F1"，底部偏移为"0"，顶部标高为"F1"，顶部偏移为"2500"

B. 底部标高为"F1"，底部偏移为"－2500"，顶部标高为"F1"，顶部偏移为"0"

C. 底部标高为"F1"，底部偏移为"2500"，顶部标高为"F1"，顶部偏移为"5000"

D. 底部标高为"F1"，底部偏移为"2500"，顶部标高为"F1"，顶部偏移为"0"

9. 下列哪个视图应被用于编辑墙的立面外形（　　）。

A. 表格　　　　　　　　　　　　　　　B. 图纸视图

C. 3D 视图或是视平面平行于墙面的视图　D. 楼层平面视图

10. 幕墙网格时，系统将首先默认捕捉到（　　）。

A. 幕墙的均分处，或 1/3 标记处

B. 将幕墙网格放到墙、玻璃斜窗和幕墙系统上时，幕墙网格将捕捉视图中的可见标高、网格和参照平面

C. 在选择公共角边缘时，幕墙网格将捕捉相交幕墙网格的位置

D. 以上皆对

11. 在【视图】选项卡【窗口】面板中没有提出以下哪个窗口操作命令（　　）。

A. 平铺　　　　　　B. 复制　　　　　　C. 层叠　　　　　　D. 隐藏

12. 美国建筑师协会（AIA）定义了建筑信息模型中数据细致程度（LOD）的概念，LOD 被定义为 LOD100、LOD200、LOD300、LOD400、LOD500 共五个等级。LOD400 所达到的要求是（　　）。

A. 整合设计模型　　B. 搭建模型　　　　C. 建造加工　　　　D. 维护维修

13. 在链接模型中，将项目和链接文件一起移动到新位置后（　　）。

A. 使用绝对路径链接会无效

B. 使用相对路径链接会无效

C. 使用绝对路径和绝对路径链接都会无效

D. 使用绝对路径和绝对路径连接不受影响

14. 以下有关"墙"的说法描述有误的是（　　）。

A. 当激活"墙"命令以放置墙时，可以从类型选择器中选择不同的墙类型

B. 当激活"墙"命令以放置墙时，可以在"图元属性"中载入新的墙类型

C. 当激活"墙"命令以放置墙时，可以在"图元属性"中编辑墙属性

D. 当激活"墙"命令以放置墙时，可以在"图元属性"中新建墙类型

15. 幕墙系统是一种建筑构件，它由什么主要构件组成（　　）。

A. 嵌板　　　　　　　B. 幕墙网格　　　　　C. 竖梃　　　　　　D. 以上皆是

16. 在平面视图中可以给以下哪种图元放置高程点（　　）。

A. 墙体　　　　　　　B. 门窗洞口　　　　　C. 楼板　　　　　　D. 线条

17. BIM（Building Information Modeling）的概念是（　　）。

A. 以建筑工程项目的各项相关信息数据作为基础，建立起三维的建筑模型

B. 建筑业数据模型

C. 以建筑工程项目的各项相关信息数据作为基础，建立起三维的建筑模型，通过数字信息仿真模拟建筑物所具有的真实信息，贯穿建筑物的全生命周期

D. 建筑信息模型

18. Revit 中创建楼梯，在【修改 | 创建楼梯】→【构件】中不包括哪个构件（　　）。

A. 支座　　　　　　　B. 平台　　　　　　　C. 梯段　　　　　　D. 梯边梁

19. 坡道"类型属性"中有一个"坡道最大坡度（1/X）"参数，表明最大坡度限制数值为（　　）。

A. 坡面垂直高度/坡面长度　　　　　　B. 坡面水平高度/坡面长度

C. 坡面垂直高度/水平宽度　　　　　　D. 坡面水平高度/垂直高度

20. 在轴线"类型属性"对话框中，在"轴线中段"参数值下列列表中选择"自定义"之后，无法定义轴线中段的哪个参数（　　）。

A. 轴线中段宽度　　　　　　　　　　　B. 轴线中段长度

C. 轴线中段颜色　　　　　　　　　　　D. 轴线中段填充图案

21. 栏杆扶手中的横向扶栏之间高度设置，是点击"类型属性"对话框中哪个参数进行编辑（　　）。

A. 扶栏结构　　　　　B. 扶栏位置　　　　　C. 扶栏偏移　　　　D. 扶栏连接

22. 下列不属于项目中运用 BIM 技术的价值的是（　　）。

A. 精确计划，减少浪费　　　　　　　　B. 虚拟施工，有效协同

C. 碰撞检测，减少返工　　　　　　　　D. 几何信息添加，信息集成

23. 下列不属于装配式结构类型的是（　　）。

A. 装配整体式框架结构　　　　　　　　B. 装配整体式剪力墙结构

C. 装配整体式砌体结构　　　　　　　　D. 装配整体式部分框支剪力墙结构

24. 在 Autodesk Revit 中可以对那些对象设置颜色（　　）。

A. 对象样式　　　　　B. 线样式　　　　　　C. 分阶段　　　　　D. 以上都是

25. 对象样式中的注释对象有哪些属性可做修改（　　）。

A. 线宽　　　　　　　B. 线颜色　　　　　　C. 线形　　　　　　D. 以上都是

26. BIM 应用的一般流程（　　）。

A. BIM 建模、深化设计、施工模拟、施工方案规划

B. BIM 建模、施工模拟、深化设计、施工方案规划

C. BIM 建模、施工方案规划、施工模拟、深化设计

D. BIM 建模、施工方案规划、深化设计、施工模拟

27. 依据美国国家 BIM 标准（NBIMS），以下关于 BIM 的说法，正确的是（　　）。

A. BIM 是一个建筑模型物理和功能特性的数字表达

B. BIM 是一个设施（建设项目）物理和功能特性的数字表达

C. BIM 包含相关设施的信息，只能为该设施从设计到施工过程的决策提供可靠依据的过程

D. 在项目的不同阶段，不同利益相关方通过在 BIM 中插入、提取信息，但是不能修改信息

28. 关于链接项目中的体量实例，以下描述最全面的是（　　）。

A. 在连接体量形式时，会调整这些形式的总体积值和总楼层面积值以消除重叠

B. 如果移动连接的体量形式，则这些形式的属性将被更新。如果移动体量形式，使得它们不再相互交叉，则 Revit Building 将出现警告，提示连接的图元不再相互交叉

C. 可以使用"取消连接几何图形"命令取消它们的连接

D. 以上皆正确

29. 在体量族的设置参数中，以下不能录入明细表的参数是（　　）。

A. 总体积　　　　　　B. 总表面积　　　　　　C. 总楼层面积　　　　　　D. 总建筑面积

30. 以下关于 Revit 中建筑地坪说法正确的是（　　）。

A. 创建建筑地坪为闭合的环，其高度不能超过地形表面

B. 创建建筑地坪为开放的环，其高度不能超过地形表面

C. 创建建筑地坪为闭合的环，其高度可以超过地形表面

D. 创建建筑地坪为开放的环，其高度可以超过地形表面

31. 以下有关视口编辑说法有误的是（　　）。

A. 选择视口，鼠标拖曳可以移动视图位置

B. 选择视口，点选项栏，从"视图比例"参数的"值"下拉列表中选择需要的比例，或选"自定义"在下面的比例值框中输入需要的比例值可以修改视图比例

C. 一张图纸多个视口时，每个视图采用的比例都是相同的

D. 鼠标拖曳视图标题的标签线可以调整其位置

32. 以下有关在图纸中修改建筑模型说法有误的是（　　）。

A. 选择视口单击鼠标右键，单击"激活视图"命令，即可在图纸视图中任意修改建筑

B. "激活视图"后，鼠标右键选择"取消激活视图"可以退出编辑状态

C. "激活视图"编辑模型时，相关视图将更新

D. 可以同时激活多个视图修改建筑模型

33. 以下属于 BIM 模型交付标准的是（　　）。

A. IFC　　　　　　　　B. IDM　　　　　　　　C. IFD　　　　　　　　D. IPD

34. 以下文件格式中属于开放标准格式的是（　　）。

A. DWG　　　　　　　　B. SKP　　　　　　　　C. RVT　　　　　　　　D. IFC

35. 在 Revit 中能对导入的 DWG 图纸进行哪种编辑（　　）。

A. 线宽　　　　　　　　B. 线颜色　　　　　　　　C. 线长度　　　　　　　　D. 线型

三、多项选择题

1. 以下哪几种格式可以通过 Revit 直接打开（　　）。

A. rvt　　　　　　　　B. rte　　　　　　　　C. rta

D. nwc　　　　　　　　E. ifc

2. Revit 中族分类为以下几种（　　）。

A. 可载入族　　　　　　B. 系统族　　　　　　C. 嵌套族

D. 体量族　　　　　　　E. 内建族

3. 单机 Revit 左上角"应用程序菜单"中的选项，在弹出的选项对话框中可以进行设置的有（　　）。

A. 常规　　　　　　　　B. 渲染　　　　　　　　C. 管理

D. 图形　　　　　　　　E. 检查拼写

4. Revit 中进行图元选择的方式有哪几种（　　）。

A. 按鼠标滚轮选择　　　B. 按过滤器选择　　　　C. 按 Tab 选择

D. 单击选择　　　　　　E. 框选偏移为"2500"

5. 关于明细表，以下说法错误的是（　　）。

A. 同一明细表可以添加到同一项目的多个图纸中

B. 同一明细表经复制后才可添加到同一项目的多个图纸中

C. 同一明细表经重命名后才可添加到同一项目的多个图纸中

D. 目前，墙饰条没有明细表

6. 下面关于详图编号的说法中错误的是（　　）。

A. 只有视图比例小于 1：50 的视图才会有详图编号

B. 只有详图索引生成的视图才有详图编号

C. 平面视图也有详图编号

D. 剖面视图没有详图编号

7. 在 BIM 应用中，属于施工阶段应用的是（　　）。

A. 场地使用规划　　　　B. 维护计划　　　　　　C. 施工系统设计

D. 数字化加工　　　　　E. 施工图设计

8. 建立 BIM 模型的必要步骤是（　　）。

A. 绘图元　　　　　　　B. 建立构件　　　　　　C. 定义属性

D. 渲染　　　　　　　　E. 动画制作

9. 下列属于 BIM 工程师发展方向的是（　　）。

A. BIM 与运维　　　　　B. BIM 与设计　　　　　C. BIM 与施工

D. BIM 与造价　　　　　E. BIM 与招标投标

10. "实心拉伸"命令的用法，错误的是哪些（　　）。

A. 轮廓可沿弧线路径拉伸

B. 轮廓可沿单段直线路径拉伸

C. 轮廓可以是不封闭的线段

D. 轮廓按给定的深度值作拉伸，不能选择路径

11. 对工作集和样板的关系描述错误的是（　　　）。

A. 可以在工作集中包含样板　　　　　　　　B. 可以在样板中包含工作集

C. 不能在工作集中包含样板　　　　　　　　D. 不能在样板中包含工作集

12. 下列哪些软件属于 BIM 核心建模软件（　　　）。

A. Revit　　　　　　　B. Bentley Architecture　　　　　　C. SketchUp

D. ArchiCAD　　　　E. Luban BE

13. 在幕墙放置竖梃时，可以选择以下哪些方式（　　　）？

A. 拾取的一条网格线

B. 拾取的单段网格线

C. 除开拾取外的网格线

D. 按 Tab 键拾取的网格线

E. 全部网格线

14. 关于创建屋顶所有视图说法正确的是（　　　）。

A. 迹线屋顶可以在立面视图和剖面视图中创建

B. 迹线屋顶可以在楼层平面视图和天花板投影平面视图中创建

C. 拉伸屋顶可以在立面视图和剖面视图中创建

D. 拉伸屋顶可以在楼层平面视图和天花板投影平面视图中创建

E. 迹线屋顶和拉伸屋顶都可以在三维视图中创建

15. 住房和城乡建设部《关于推进建筑信息模型应用的指导意见》，工程总承包企业基于 BIM 的质量安全管理主要有（　　　）。

A. 基于 BIM 施工模拟，对复杂施工工艺进行数字化模拟，实行三维可视化技术交底

B. 对复杂结构实现三维放样、定位和监测

C. 实现工程危险源的自动识别分析和防护方案的模拟

D. 实现远程质量验收

E. 进行工厂化预制加工

16. Revit 中进行图元选择的方式有（　　　）。

A. 按鼠标滚轮选择

B. 按过滤器选择

C. 按 Tab 键选择

D. 单击选择

E. 框选

17.《建筑工程设计信息模型交付标准》中标明数据状态分为四种类型，分别为（　　　）。

A. 模型数据　　　　　B. 工作数据　　　　　　C. 出版数据

D. 存档数据　　　　E. 共享数据

18. 以下说法错误的是（　　　）。

A. 实心形式的创建工具要多于空心形式

B. 空心形式的创建工具要多于实心形式

C. 空心形式和实心形式的创建工具都相同

D. 空心形式和实心形式的创建工具都不同

19. 下列属于 BIM 技术较二维 CAD 技术的优势的是（　　　）。

A. 基本图元元素　　　　B. 各构件相互关联　　　C. 自动同步修改

D. 包含建筑全部信息　E. 表现建筑物各投影面

20. 建立 BIM 模型的必要步骤是（　　　）。

A. 绘图元　　　　　　　B. 建立构件　　　　　　C. 定义属性

D. 渲染　　　　　　　　E. 动画制作

一、填空题参考答案

1. 坐标网式　2. 基础图、结构平面图、构件详图　3. 可视化、可共享性　4. 参数化修改引擎　5. 空格键　6. 精细、粗略　7. EQ　8. dwg　9. 重置目标　10. Ctrl　11. 高程　12. Shift　13. ZF　14. 镜像阵列　15. Tab　16. SM　17. 楼板结构　18. 1：100　19. 当前　20. 3　21. 项目文件　22. 移动、旋转　23. 模型线宽、注释线宽　24. 水平　25. 三维模型、时间

二、单项选择题参考答案

1～5　ABBDB

6～10　DCACD

11～15　DCABD

16～20　CCDCB

21～25　ADCDD

26～30　DBDDC

31～35　CDADC

三、多项选择题参考答案

1. ABE　2. ABE　3. ABDE　4. BDE　5. BDC　6. ABD　7. ACE　8. ABC　9. ABCDE　10. ABC　11. ABC　12. ABE　13. ABE　14. BCE　15. ABC　16. BDE　17. ABDE　18. ABD　19. BCD　20. ABC

二层小别墅

任务 1 创建标高

2.1
创建标高

选择【建筑】选项卡中【基准】面板的【标高】命令，任意打开一个立面图，根据图纸进标高的绘制。

在绘制标高的同时修改标高的属性，例：北立面图，如图 2-1 所示。

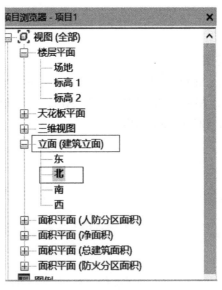

图 2-1

以下面图纸为例，开始创建标高如图 2-2 所示。

系统最开始默认有两条标高，然后点击【建筑】选项卡中基准面板的【标高】，图 2-3 开始创建图纸中的标高。

会出现修改/放置标高面板，再将鼠标移动到绘图区域。如图 2-4 所示。

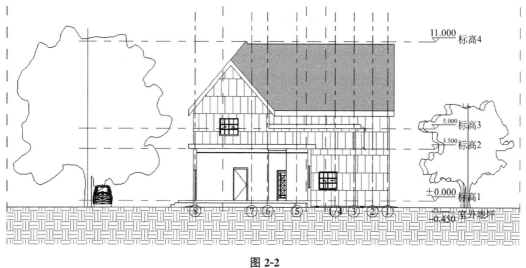

图 2-2

图 2-3

图 2-4

设置标高的偏移量，并且勾选创建平面视图。如图 2-5 所示。

图 2-5

鼠标移动到已有的标高附近会高亮显示将要绘制的标高是否对齐，对齐后可以直接输入层高值 1400mm。如图 2-6 所示。

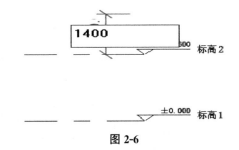

图 2-6

或者绘制后调整其高度 1400mm。如图 2-7 所示。

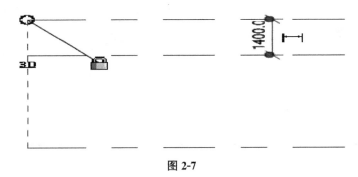

图 2-7

建立室外地坪标高，点击属性中的【下标头】如图 2-8 所示。

图 2-8

绘制标高输入—0.45 如图 2-9 所示。

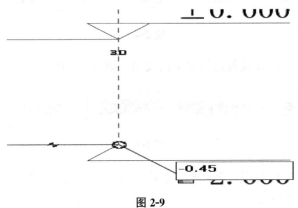

图 2-9

标高 4 及数字显示的标高高度修改标高的名字及高程。如图 2-10 所示。

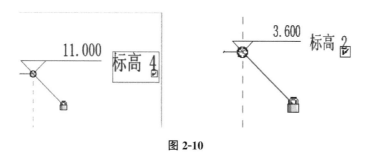

图 2-10

将所有的标高作出后，开始修改标高的属性。点击属性面板中的编辑类型。如图 2-11 所示。

图 2-11

点击线型图案将实线改为【三分段虚线】如图 2-12 所示。

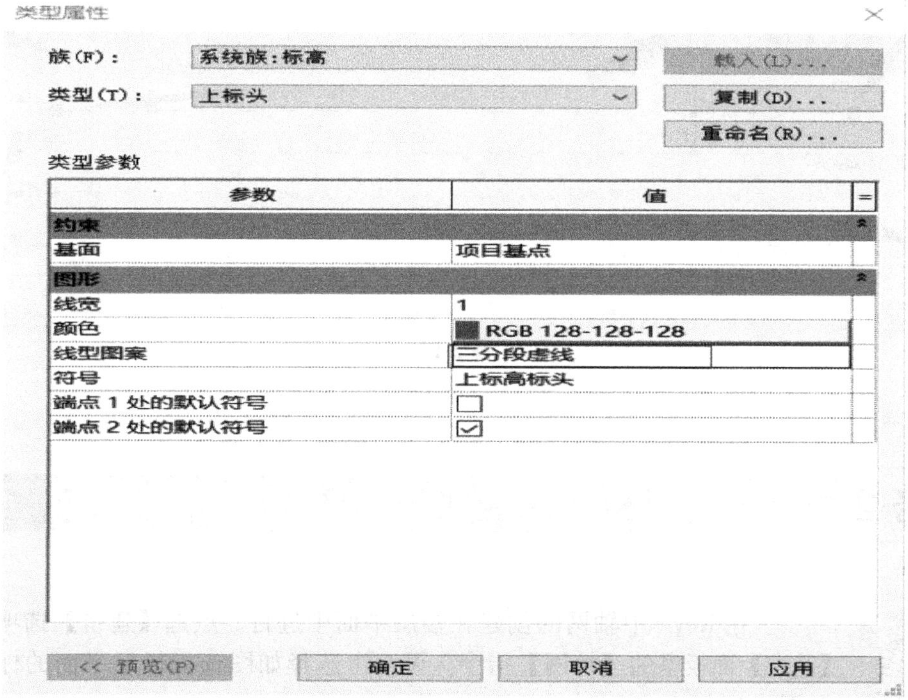

类型属性			
族(F)：	系统族:标高		载入(L)...
类型(T)：	上标头		复制(D)...
			重命名(R)...

类型参数

参数	值	=
约束		
基面	项目基点	
图形		
线宽	1	
颜色	RGB 128-128-128	
线型图案	三分段虚线	
符号	上标高标头	
端点 1 处的默认符号	□	
端点 2 处的默认符号	☑	

<< 预览(P)	确定	取消	应用

图 2-12

并勾选"端点4处的默认符号"。标高修改完后，将如图 2-13 所示。

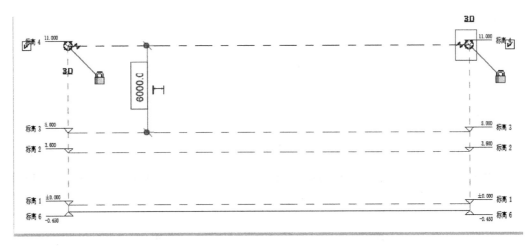

图 2-13

开始编辑标高

编辑方法：选择任意一根标高线，会显示临时尺寸 、一些控制符号和复选框，如图 2-14 所示，可以编辑其尺寸值，单击并拖拽控制符号可整体或单独调整标高标头位置，控制标头隐藏或显示、标头偏移等操作。具体功能自行体会。

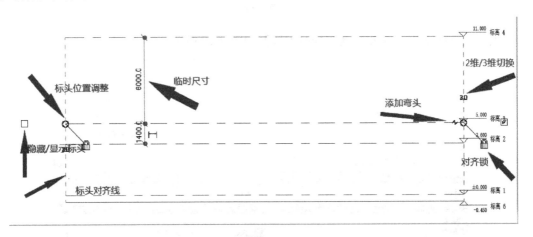

图 2-14

任务 2　创建轴网

• 在 Revit 中轴网的创建在楼层平面中进行。点选【建筑】选项卡中，【基准】面板里的【轴网】指令。再双击选择如图选择楼层平面的标高一。如图 2-15 所示。

图 2-15

接下来开始创建轴网。如图 2-16 所示。

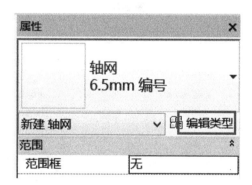

图 2-16

发现创建完的轴网与标准不相符，需要进行一些修改。

点击【轴网】指令后，选择属性面板中的编辑类型，对轴网的属性做一些修改。如图 2-17 所示。

图 2-17

修改如图 2-18 所示。

1.轴线中段为【连续】；

2.勾选【平面视图轴号端点 1】。

修改完后如图 2-19 所示。

此时绘图面板中显示的轴网为修改后的样子。如图 2-20 所示。

开始依据图纸创建完整的轴网。如图 2-21 所示。

点击【轴网】指令后，面板会显示自动对齐轴网的放置位置，自动显示临时尺寸标注，输入两条轴网的距离即可，如图 2-22 所示。

以此类推创建剩下的纵向轴网，创建结果如图 2-23 所示。

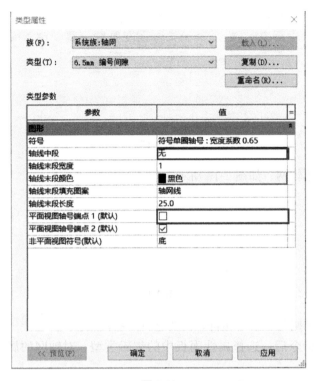

图 2-18

图 2-19

图 2-20

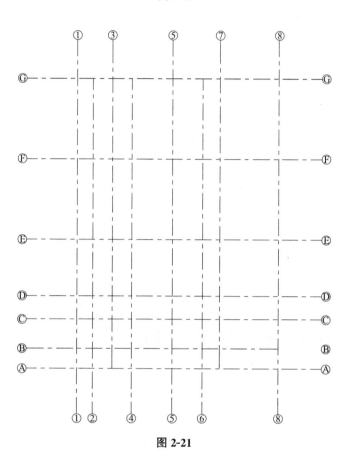

图 2-21

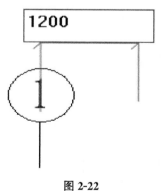

图 2-22

开始建立横向轴网。与纵向轴网不同的是，横向轴网的标号以大写的英文字母为标注。需要修改轴网的名称，且若修改一个轴网的名称后，随后的轴网将会按字母或数字顺序依次排列。

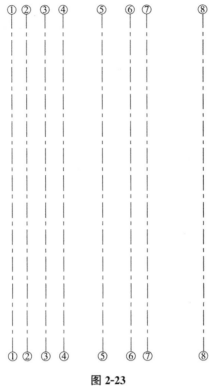

图 2-23

首先创建一个横向的标高再修改，标高的名称为 A。如图 2-24 所示。

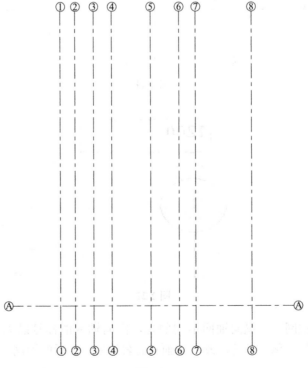

图 2-24

在楼层平面视图中可以注意到，在轴网的上下左右有四个图案。这四个图案是东、南、西、北的位置，也是通过某个位置的图标来生成相应的立面图。没有图标则不能生成立面图。图标若是在轴网的立面会造成这一立面的视图不完全的情况，可单击图标拖拽到适当的位置。如图 2-25 所示。

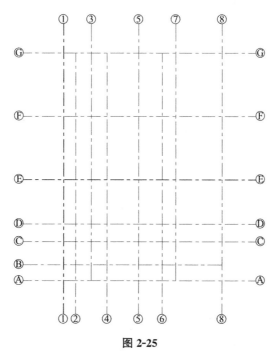

图 2-25

建立好后的轴网如图 2-26 所示。

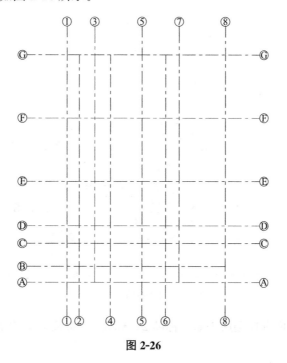

图 2-26

之后全选所有轴网如图 2-27 所示。

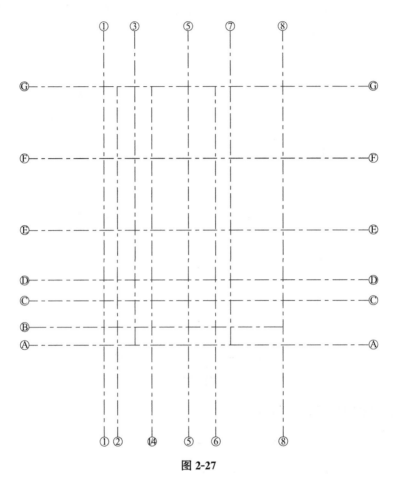

图 2-27

然后点击影响范围如图 2-28 所示。

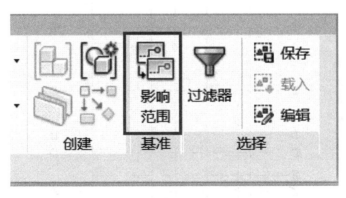

图 2-28

进入影响范围界面选择楼层平面、标高 2、标高 3、标高 4 如图 2-29 所示。

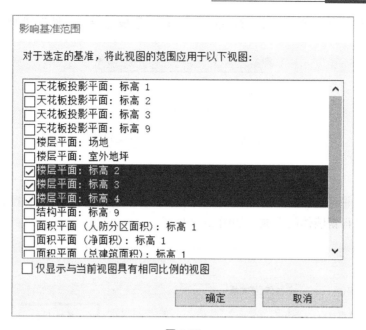

图 2-29

任务 3　创建墙体

建立墙体的基础是要确定墙体的组成并按照要求将其创建出来。以外墙为例，如图 2-30 所示。

做法：在【建筑】选项卡【构建】面板中点击【墙】指令。

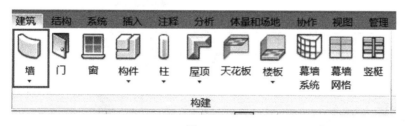

图 2-30

然后系统自动切换到【修改/放置墙】选项卡中。如图 2-31 所示。

2.3
创建墙体1

2.4
创建墙体2

2.5
创建墙体3

图 2-31

点击属性面板中的【编辑类型】，进入基于墙的组成选择与属性设置如图 2-32 所示。

图 2-32

复制墙体，并且重命名。这样做既保留了系统自带墙，又在之后的建模中可以继续按照系统自带墙进行新墙体的生成。如图 2-33 所示。

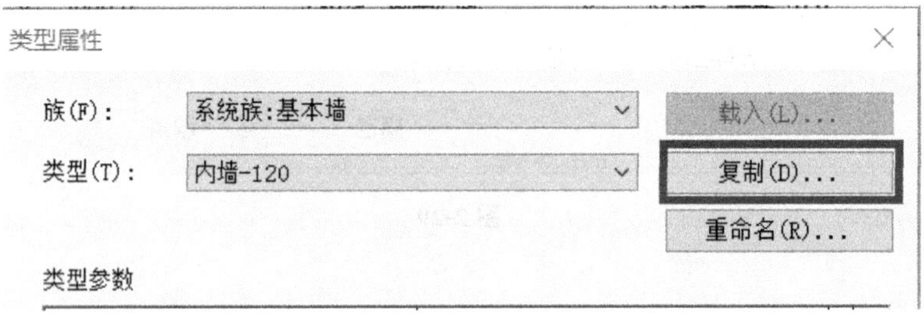

图 2-33

为要编辑的墙体命名"别墅外墙"。如图 2-34 所示。

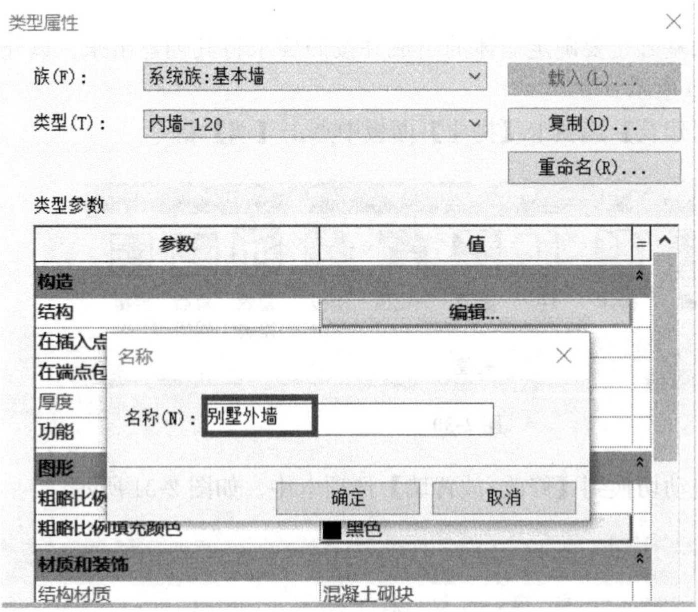

图 2-34

复制好墙体之后点击构造栏中的【结构—编辑】进入墙体的编辑模式。如图 2-35 所示。

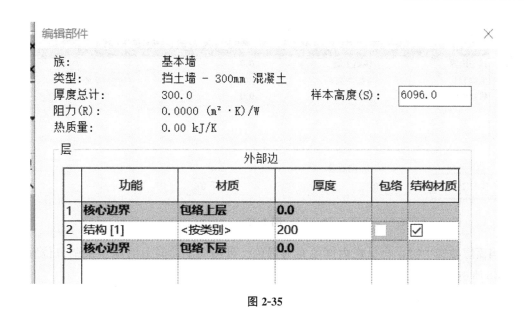

图 2-35

进入编辑部件模式中。如图 2-36 所示。

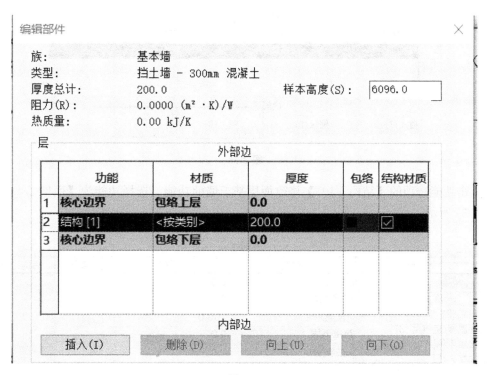

图 2-36

将鼠标移动到数字附近，鼠标会自动变成实心的箭头，并点击鼠标左键。点击下方的插入指令，会生成新的结构面层，如图 2-37 所示。

按照图纸中墙体结构的要求插入相应的面层层数。

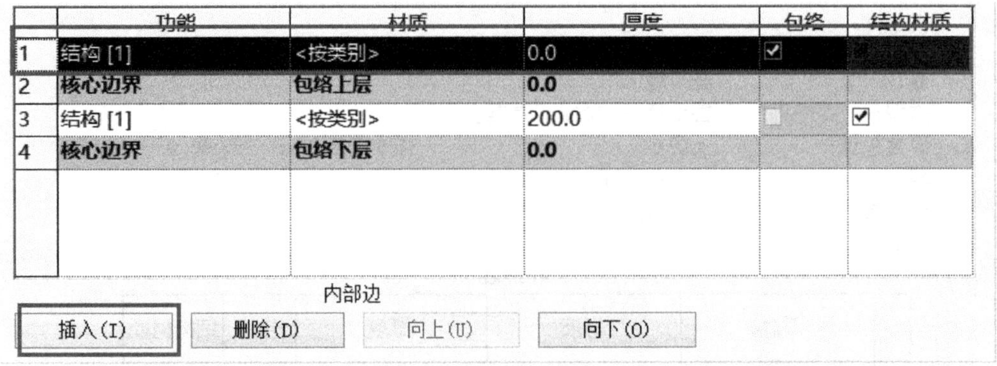

	功能	材质	厚度	包络	结构材质
1	结构 [1]	<按类别>	0.0	☑	
2	**核心边界**	**包络上层**	**0.0**		
3	结构 [1]	<按类别>	200.0	☐	☑
4	**核心边界**	**包络下层**	**0.0**		

内部边

插入(I)	删除(D)	向上(U)	向下(O)

图 2-37

当面层被选中时，会呈现内部填充为黑色。可用向上、向下的指令来调节位置。如图 2-38 所示。

	功能	材质	厚度	
1	结构 [1]	<按类别>	0.0	☑
2	**核心边界**	**包络上层**	**0.0**	
3	结构 [1]	<按类别>	200.0	
4	**核心边界**	**包络下层**	**0.0**	
5	结构 [1]	<按类别>	0.0	☑

内部边

插入(I)	删除(D)	向上(U)	向下(O)

图 2-38

点击功能选项的【结构［1］】修改面层基于墙的功能。选择功能为【面层 1［4］】。如图 2-39 所示。

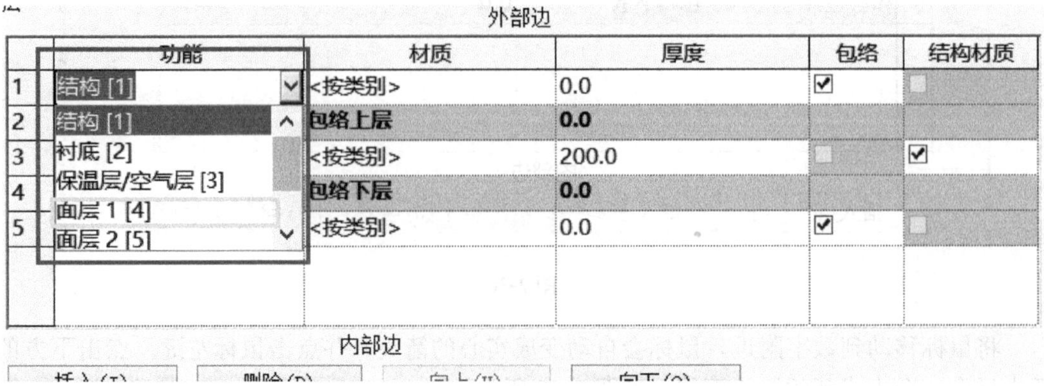

外部边

	功能	材质	厚度	包络	结构材质
1	结构 [1] ✓	<按类别>	0.0	☑	
2	结构 [1] ^	**包络上层**	**0.0**		
3	衬底 [2]	<按类别>	200.0	☐	☑
4	保温层/空气层 [3]	**包络下层**	**0.0**		
5	面层 1 [4] 面层 2 [5] ✓	<按类别>	0.0	☑	

内部边

插入(I)	删除(D)	向上(U)	

图 2-39

　　之后修改"面层1〔4〕"的材质与厚度，点击【按类别】在后方的隐藏键。如图 2-40 所示。

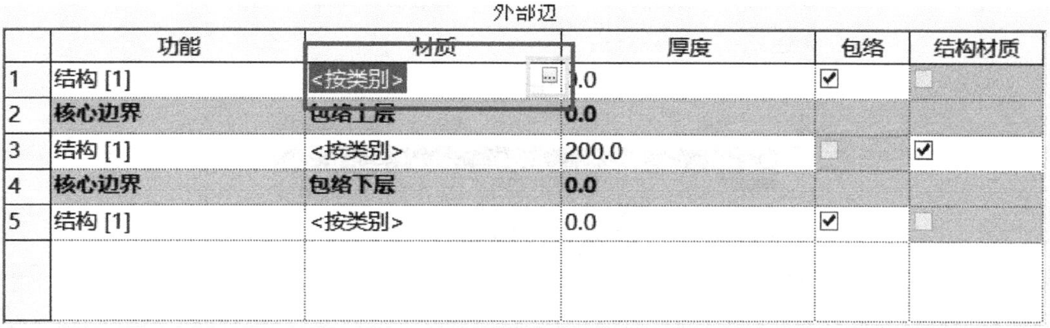

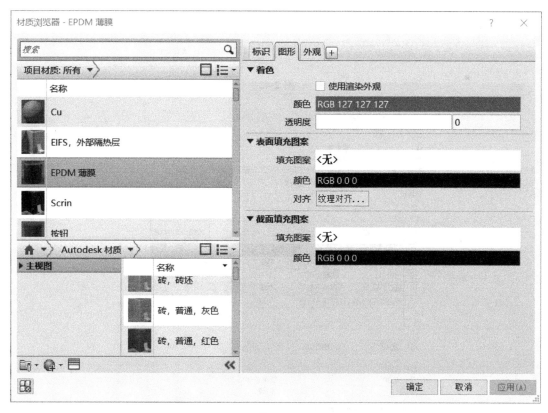

外部边

	功能	材质	厚度	包络	结构材质
1	结构 [1]	<按类别> ...	0.0	☑	
2	**核心边界**	**包络上层**	**0.0**		
3	结构 [1]	<按类别>	200.0		☑
4	**核心边界**	**包络下层**	**0.0**		
5	结构 [1]	<按类别>	0.0	☑	

图 2-40

　　单击后将弹出如图 2-41 所示窗口，搜索需要的材料，如混凝土砌块、白色涂料和棕红涂料等材料。其【墙体】厚度为【260】。

图 2-41

　　单击该材料的厚度区域，修改为所需要的厚度，如图 2-42 单机确定，外墙体编辑完成相同方法创建别墅内墙，【墙体】厚度为【100】，如图 2-43 所示。

　　创建完成后修改其墙体高度（标高 1～标高 2），如图 2-44 所示。

图 2-42

图 2-43

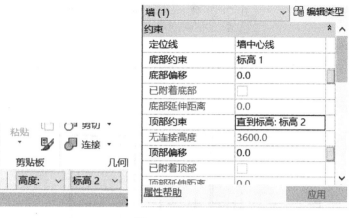

图 2-44

绘制墙体

按照图纸的要求在标高 1 的轴网上绘制一层的墙体，单击【建筑—墙体】（选择建筑墙体）——点击下拉键选择创建好的外墙——开始绘制。同上步骤绘制内墙。如图 2-45 所示。

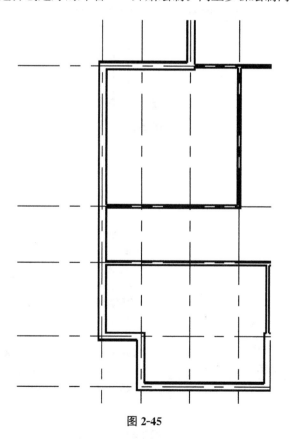

图 2-45

一层墙体绘制完成如图 2-46 所示。

同理在标高两处绘制【外墙】和【内墙】修改其墙体高度（标高 2～标高 4）如图 2-47 所示。

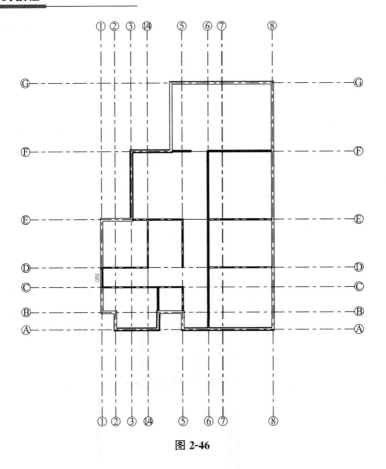

图 2-46

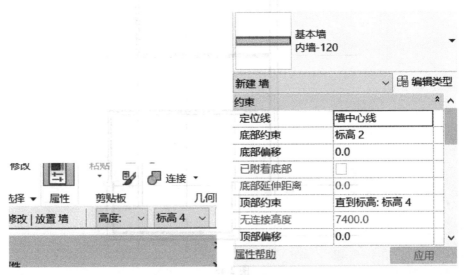

图 2-47

　　按照图纸的要求在标高 2 的轴网上绘制二层的墙体,【单击建筑——墙体】(选择建筑墙体)——点击下拉键选择创建好的外墙——开始绘制。同上步骤绘制内墙如图 2-48 所示。

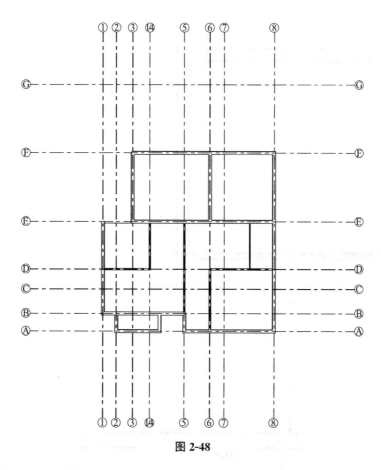

图 2-48

图 2-49 中是二层墙体中的内墙的一部分用了【偏移】的命令得来

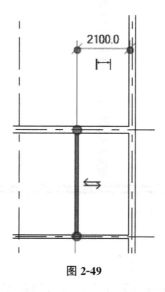

图 2-49

绘制结束后如图 2-50 所示。

之后点击这部分墙选择命令中的【移动】命令如图 2-51 所示。

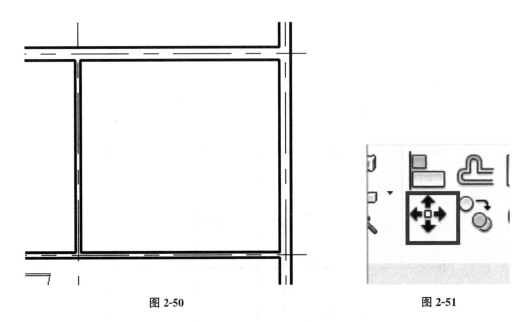

图 2-50   图 2-51

　　点击了【移动】命令，点击墙的左边点击空白部分，在点击墙的右方部分输入 2300，如图 2-52 所示。

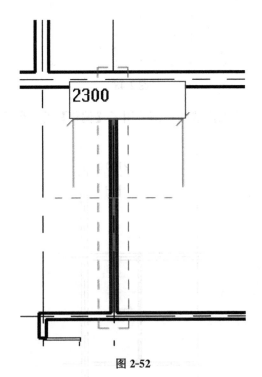

图 2-52

　　点击得到修改的图如图 2-53 所示。

　　点击快速访问栏中的【三维视图】指令，查看当前模型。进入三维模型。如图 2-54 所示。

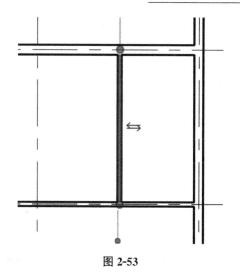

图 2-53

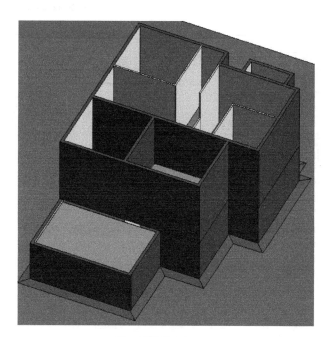

图 2-54

任务 4 创建窗

点击建筑选项卡中构建面板中【窗】指令。如图 2-55 所示。

点击属性面板中的编辑类型，复制创建窗 C1512，如图 2-56 所示。

修改高度为 1200mm，宽度为 1500mm，默认窗台高为 900mm。如图 2-57
所示。

2.6
创建窗

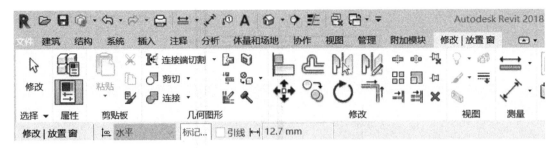

图 2-55

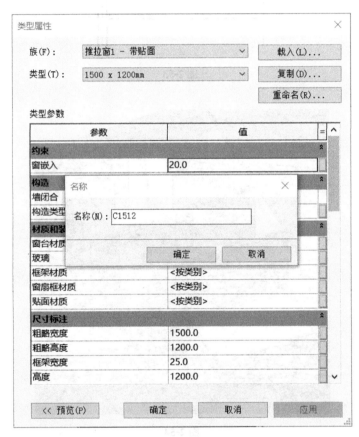

图 2-56

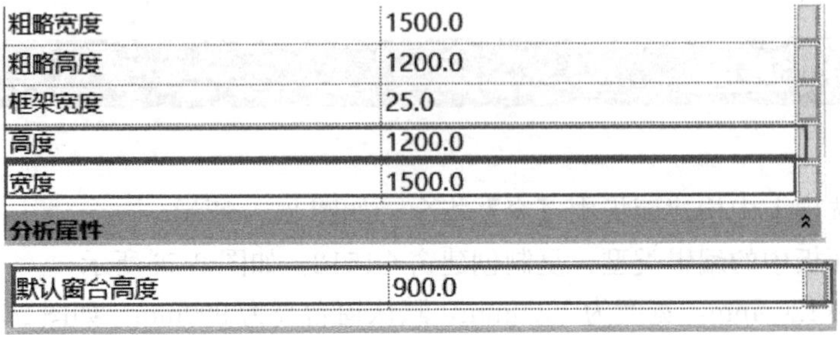

粗略宽度	1500.0
粗略高度	1200.0
框架宽度	25.0
高度	1200.0
宽度	1500.0
分析属性	
默认窗台高度	900.0

图 2-57

点击插入选项卡中【载入族】。继续打开普通窗文件夹，选择"普通窗-百叶风口"并载入当前项目中来创建 C2012。如图 2-58 所示。

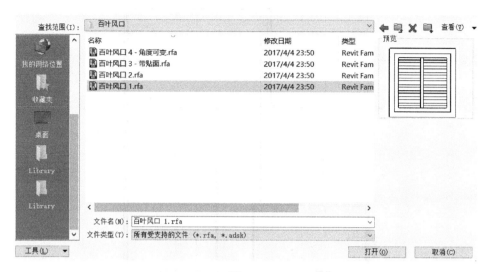

图 2-58

其他窗同上步骤来建立 C1215 上下拉窗 2-带贴面，C0912 双扇平开-带贴面窗，创建。创建完成后进行放置，一层平面放置如图 2-59 所示。

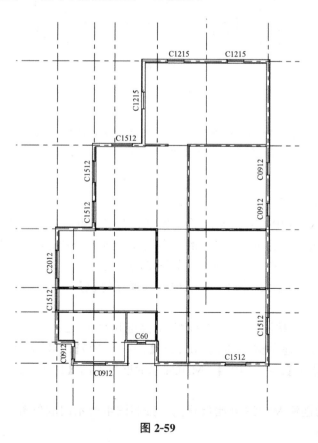

图 2-59

二层窗的平面放置图如图 2-60 所示。

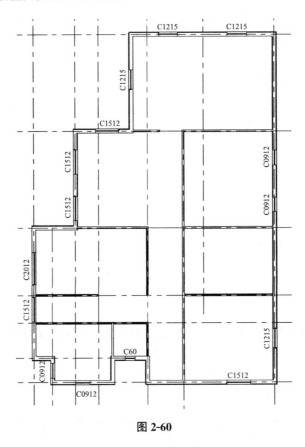

图 2-60

2.7
创建门

任务5 创建门

创建门

Revit 中为大家准备了一些门的类型，可以载入到项目中，或者通过族自行建立。这里选用已有的门类型载入到项目中建立门 M1022。【建筑】——门——编辑类型——载入。如图 2-61 所示。

单击载入弹出如图 2-62 所示的对话框。选择【建筑】——门——普通门，根据要求选择相应的类型。

复制并相应命名，按照图纸要求修改门的高度和宽度，2200 * 1000，如图 2-63 所示。

同上步骤分别创建单嵌板木门 M0721【700×2100】、M3 滑升门【3000×2200】、M0921 单嵌板格珊门【900×2100】、M1024 双面嵌板木门【1800×2100】。

放置门

点击确定成功创建 M1022 开始放置门。按照图纸所示门的位置，单击门所在墙的位置。如图 2-64 所示。

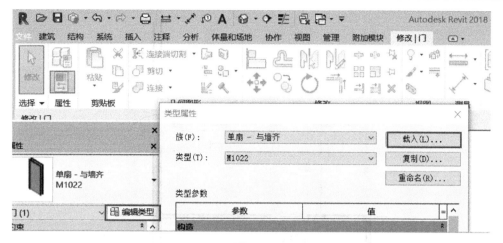

图 2-61

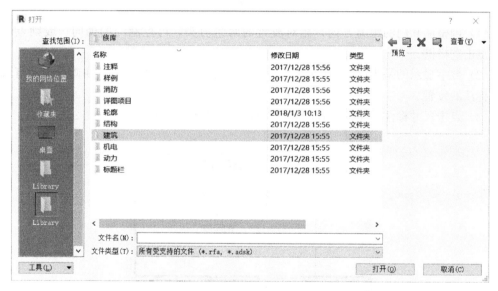

图 2-62

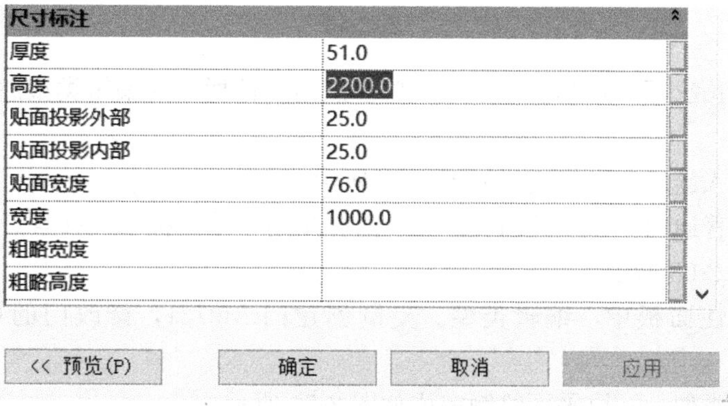

尺寸标注		⚐
厚度	51.0	
高度	2200.0	
贴面投影外部	25.0	
贴面投影内部	25.0	
贴面宽度	76.0	
宽度	1000.0	
粗略宽度		
粗略高度		

<< 预览(P)	确定	取消	应用

图 2-63

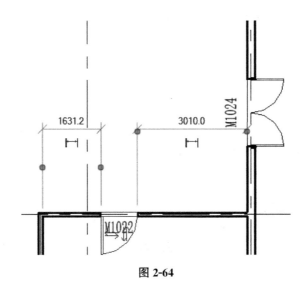

图 2-64

（1）调整墙和门的距离方向，相对放置的两组剪头，可控制门的朝向。或则点击门后，点击空格键。

（2）数字显示的是当前门与墙面的距离，双击数字可修改距离。点住蓝点拖动可调整尺寸标注的位置。

（3）点击尺寸标注的图标，临时尺寸标注可改为永久尺寸标注。如图 2-65 所示。

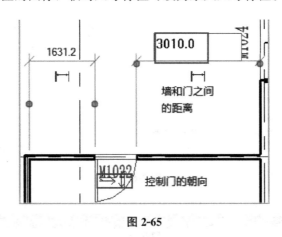

图 2-65

放置完门 M1022 后，继续创建门 M0721。点击属性栏中的编辑类型进入载入如图 2-66 所示。

点击载入进入族库点击建筑，如图 2-67 所示。

打开门——普通门——平开门文件夹，选择单扇，单嵌板木门并且点击打开，载入当前项目中。如图 2-68 所示。

然后打开属性面板中，编辑类型。复制创建门 M0721，修改门的尺寸。如图 2-69 所示。

其他门同上类似。一层平面绘制完成如图 2-70 所示。

第二层建立门的做法与上述做法相同，不再赘述，如图 2-71 所示。

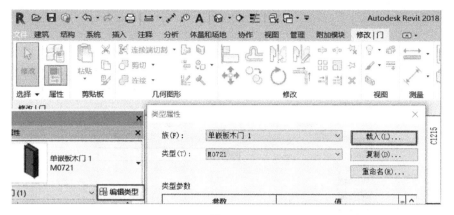

图 2-66

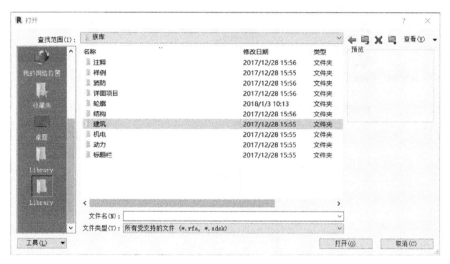

图 2-67

图 2-68

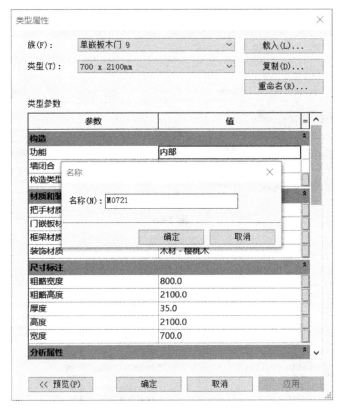

图 2-69

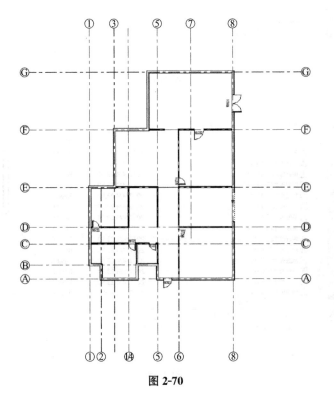

图 2-70

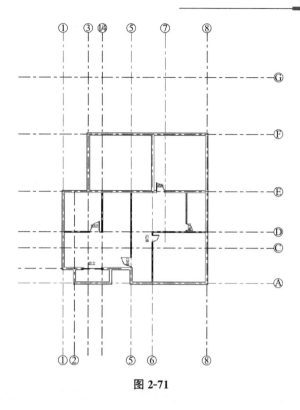

图 2-71

任务 6　创建楼板

楼板的创建

　　点击建筑选项卡中构建面板里的楼板指令选择【建筑楼板】指令。如图 2-72 所示。

　　进入到创建楼板的界面中。如图 2-73 所示。

2.8
创建楼板

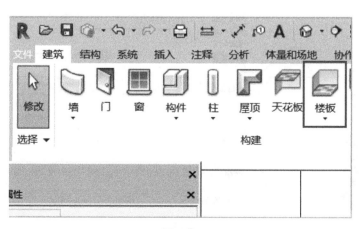

图 2-72

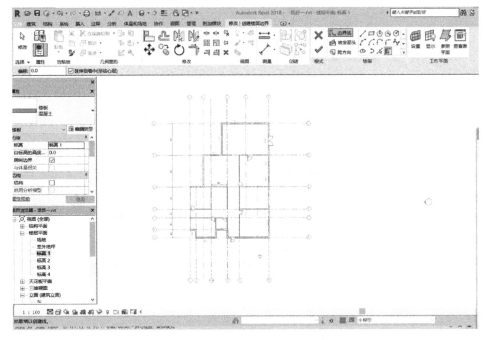

图 2-73

点击属性面板中的编辑类型。复制当前的楼板，并重命名为"别墅楼板。"如图 2-74 所示。

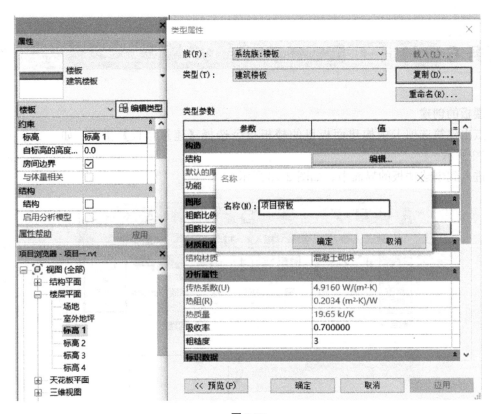

图 2-74

可编辑楼板的厚度为 150mm 和材质现场浇筑混凝土，如图 2-75 所示。

	功能	材质	厚度	包络	结构材质	可变
1	面层 1 [4]	樱桃木	20.0	☐	☐	☐
2	**核心边界**	**包络上层**	**0.0**			
3	结构 [1]	混凝土砌块	120.0	☐	☑	☐
4	**核心边界**	**包络下层**	**0.0**			
5	面层 2 [5]	水泥砂浆	10.0	☐	☐	☐

插入(I)	删除(D)	向上(U)	向下(O)

图 2-75

点击确定完成楼板构造的修改。楼板为一层楼板，其标高为 0m。在属性面板中可改变楼板的标高。如图 2-76 所示。

图 2-76

修改图中的标高与高度偏移即可修改楼板的高度。与一层楼板的创建完全一致的方法创建二层楼板。

此时之前的绘制成灰色显示，进入到一个楼板编辑的界面，在退出或完成之前将无法选中和修改任意图元或构件。点击绘制面板中的边界线并选中【拾取墙】开始进行楼板的创建。如图 2-77 所示。

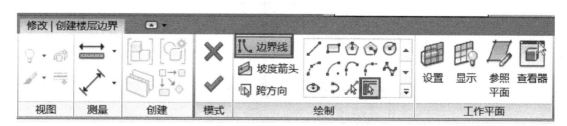

图 2-77

注：在边界线中有很多种创建楼板边界线的指令，可以选择【拾取墙】选中墙体内侧进项创建，也可选择【直线】沿着外墙内侧作图。选择外墙内侧并点击生成楼板边缘，如图 2-78 所示。

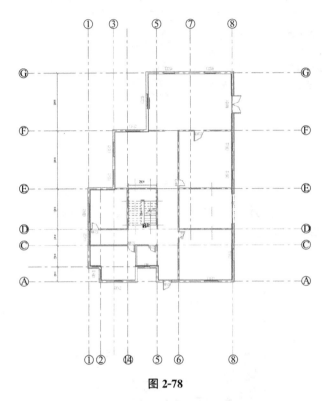

图 2-78

可以控制边界线在内墙和外墙如图 2-79 所示的红框中的箭头。

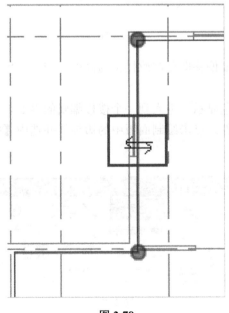

图 2-79

出现线没画在墙上的时候，如图 2-80 所示。

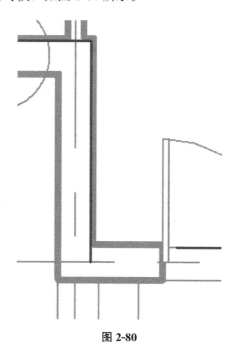

图 2-80

出现这种情况的时候，可以用修剪的命令如图 2-81 所示。

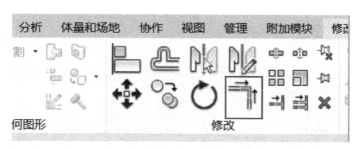

图 2-81

点击模式面板中的完成，即创建楼板。如图 2-82 所示。

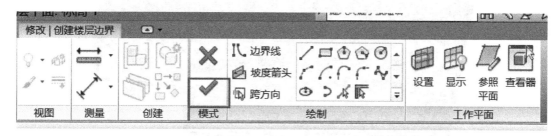

图 2-82

标高 2 楼板建立如上述操作过程，不在叙述，标高二建立楼板如图 2-83 所示。

在平面楼层中观察楼板不明显，进入三维视图查看创建的楼板。如图 2-84 所示。

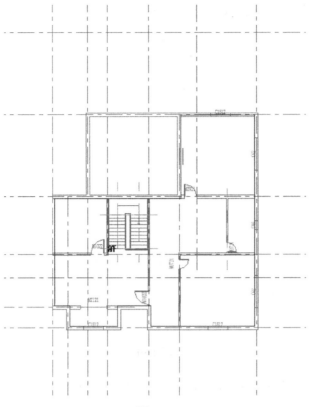

图 2-83

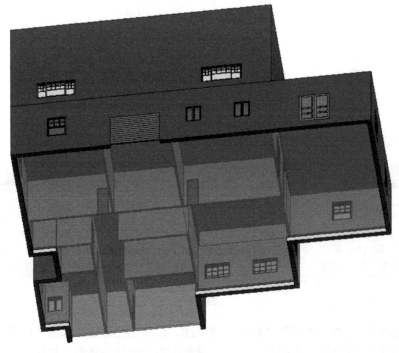

图 2-84

任务 7　房间进行命名

进入建筑选项卡里单击【房间分割】如图 2-85 所示。

将未连接位置用建筑选项卡中房间【分割】命令进行连接如图 2-86 所示。

2.9
对房间
进行命名

之后开始点击建筑选项卡中【房间】命令如图 2-87 所示。

图 2-85

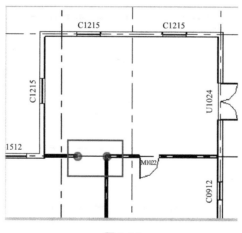

图 2-86

图 2-87

在标高 1 中放置房间如图 2-88 所示。

之后在其中如图 2-89 中编辑房间名称。

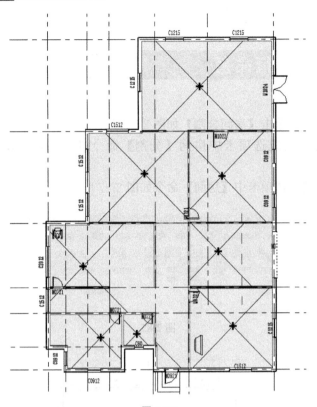

图 2-88

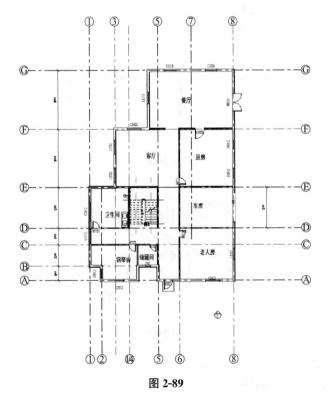

图 2-89

进入标高 2 继续用房间命令建立房间如上述相同如图 2-90 所示。

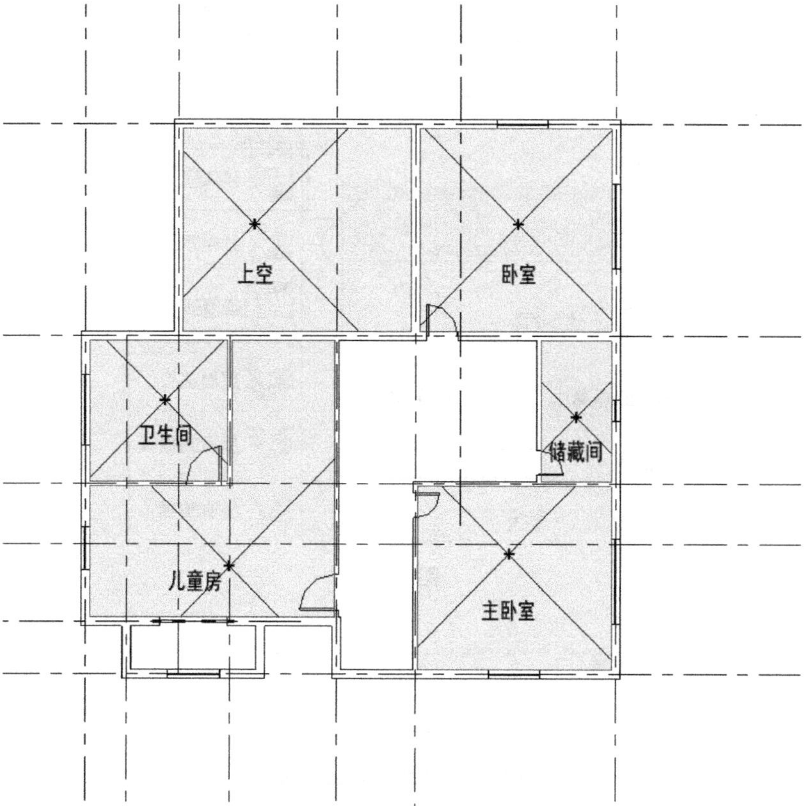

图 2-90

任务 8 创建屋顶

在建筑选项卡构建面板中点击【屋顶】并选择迹线屋顶。如图 2-91 所示。

点击属性中的编辑类型，点击类型属性复制平屋顶如图 2-92 所示。

点击类型参数中的编辑，进入修改参数如图 2-93 所示。

之后设置悬挑为 400，选择边界线当中的拾取墙如图 2-94 所示。

然后开始来绘制平屋顶如图 2-95 所示。

绘制第二个平屋顶我们先修改属性中的底部标高，标高 3 如图 2-96 所示。

接下来绘制第二个平屋顶如图 2-97 所示。

回到三维视图看着两个平屋顶如图 2-98 所示。

发现墙在平屋顶上，现在的解决方法是将平屋顶周围的墙全选，然后单机附着顶部/底部点击位于墙下的平屋顶就可以使多余墙体消失。如图 2-99 所示。

2.10
创建屋顶1

2.11
创建屋顶2

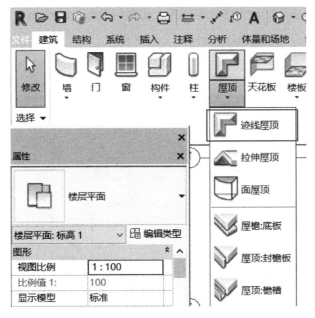

图 2-91

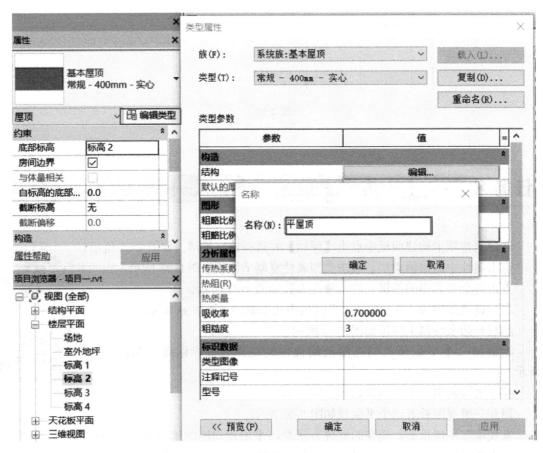

图 2-92

图 2-93

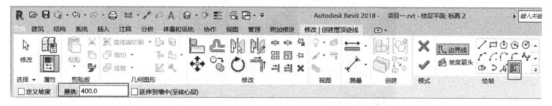

图 2-94

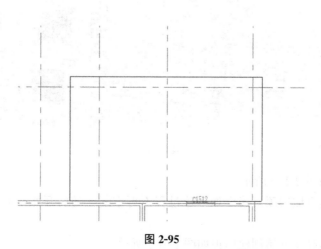

图 2-95

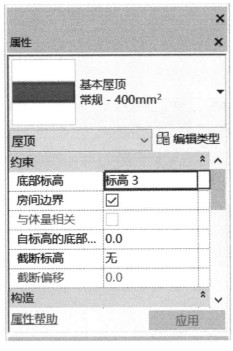

图 2-96

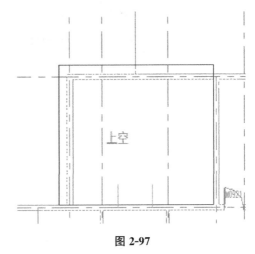

图 2-97

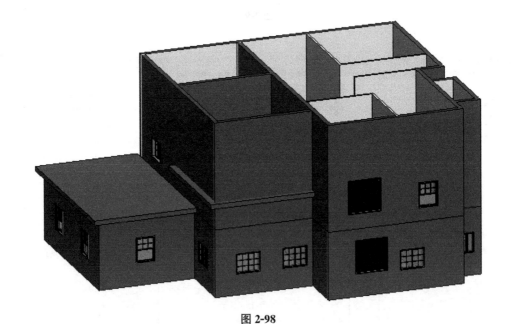

图 2-98

完成的图片如图 2-100 所示。

接下来开始建立坡屋顶，建立如上述过程不再重复。随后开始复制坡屋顶如图 2-101 所示。

接下来回到标高 4 开始创建屋顶如图 2-102 所示。

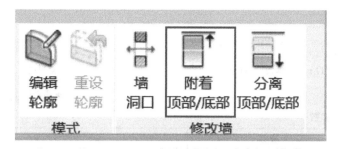

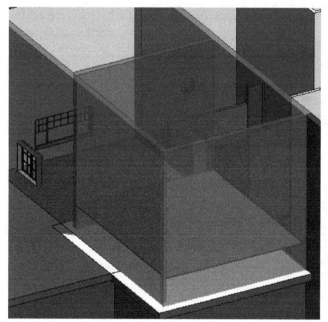

图 2-99

图 2-100

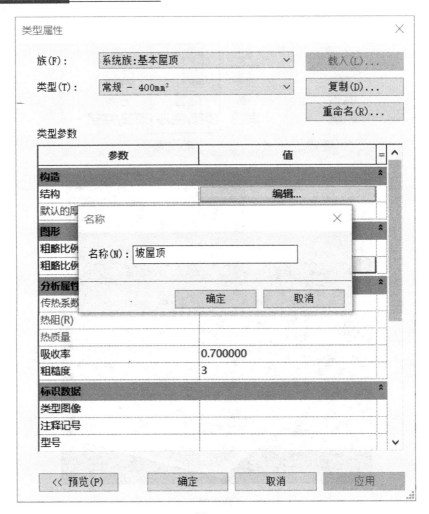

图 2-101

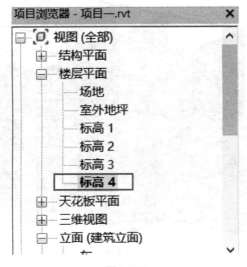

图 2-102

此后开始绘画屋顶选用边界线中的直线，如图 2-103 所示。

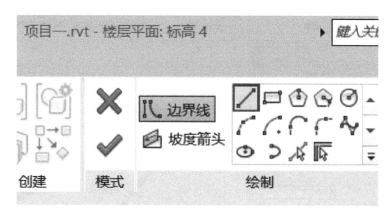

图 2-103

绘画完成了二层小别墅的屋顶，如图 2-104 所示。

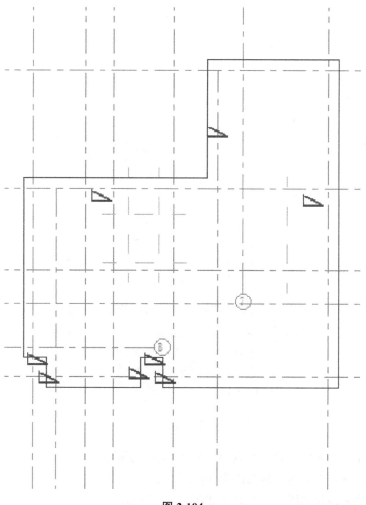

图 2-104

接下来修改坡度，点击这六条线勾选定义屋顶坡度，坡度填写 45°，如图 2-105 所示。

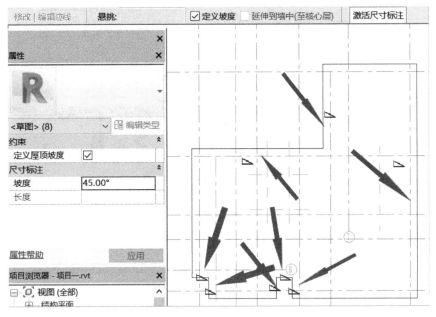

图 2-105

修改完如图 2-106 所示。

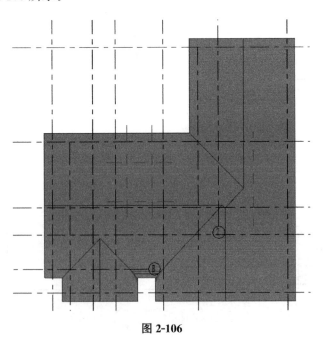

图 2-106

之后回到东立面视图看建立的屋顶，如图 2-107 所示。

要把点击屋顶点击上述屋顶修改命令如图 2-108 所示。

点击命令将屋顶拉到图中的标高 4 如图 2-109 所示。

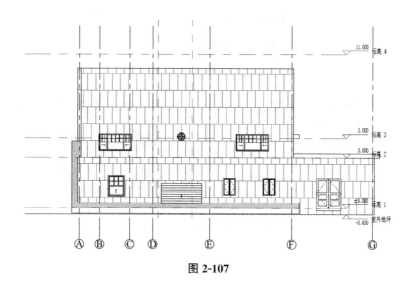

图 2-107

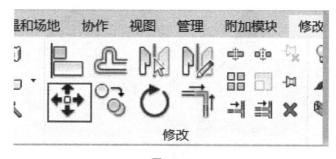

图 2-108

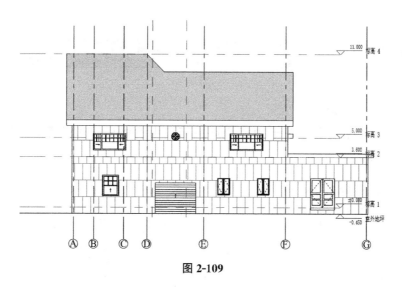

图 2-109

回到三维视图看看，如图 2-110 所示。

重复上步骤将两层墙都选上点击【附着顶部/底部】如图 2-111 所示。

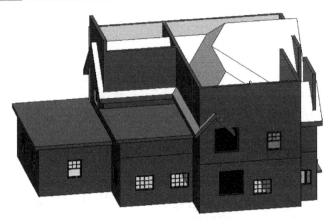

图 2-110

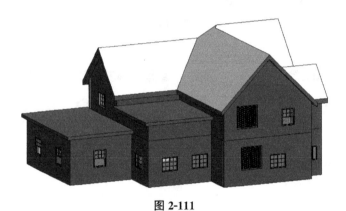

图 2-111

2.12
创建楼梯

2.13
创建栏杆
扶手

2.14
创建洞口

任务 9　创建楼梯、洞口

1. 楼梯

　　点击建筑选项卡中楼梯坡道面板中的楼梯，选择【楼梯】如图 2-112 所示。

图 2-112

　　进入楼梯编辑模式。与楼板编辑相似的是，会进入楼梯编辑的界面。对于图中的其他图元与构建既不能选中也不能修改。如图 2-113 所示。

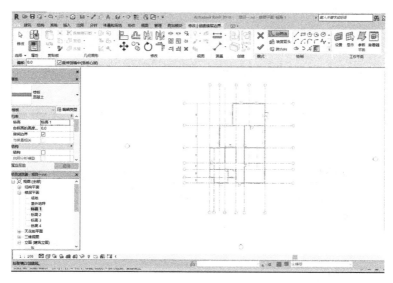

图 2-113

首先先修改楼梯的属性。在属性面板中将楼梯的类型改为"整体浇筑【1】楼梯"。如图 2-114 所示。

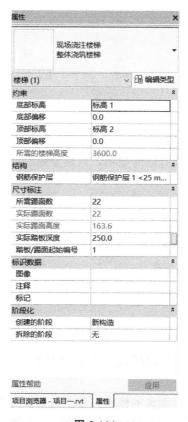

图 2-114

点击属性面板中的编辑类型，修改最小踏板深度为 250mm，最大踢面高度为 160mm。如图 2-115 所示。

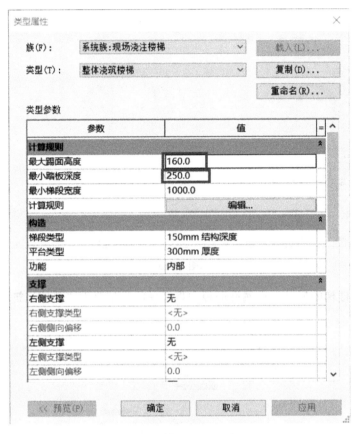

图 2-115

点击确定后开始绘制楼梯。在平面面板中选择【参照平面】做几条绘制楼梯的辅助线。参照平面对于项目的整体没有任何显示，只是参照的线。如图 2-116 所示。

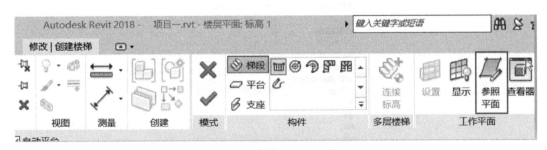

图 2-116

在楼梯间内部绘制两条水平的线段，然后继续绘制两条垂直的线段。如图 2-117 所示。

选择上面的水平线段，进行距离的修改，单击这条参照线。会显示临时尺寸标注。点击尺寸标注的圆钮可更改范围。双击数字可修改距离。如图 2-118 所示。

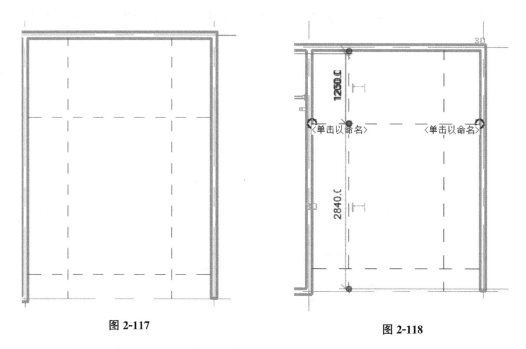

图 2-117   图 2-118

然后点击选择梯段，选择"直线"命令，开始绘制楼梯。旁边会有灰色的字提醒已画台阶的级数。如图 2-119 所示。

图 2-119

创建 10 个台阶后，在上方也创建 10 个台阶。并且楼梯的方向的连续的不是重新从另一个交点出发。如图 2-120 所示。

绘制完的楼梯如图 2-121 所示。

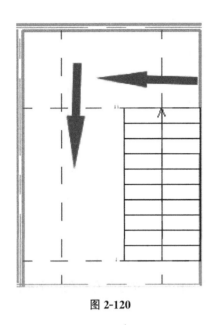

图 2-120

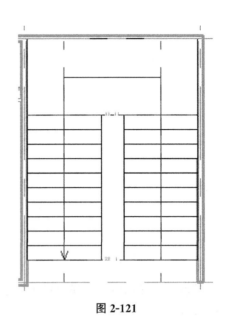

图 2-121

接下来开始修改栏杆扶手第一步删除外部栏杆放扶手如图 2-122 所示。

第二步增加内部栏杆扶手高度 60mm，因为原来墙到参照平面距离是 1260mm，而栏杆高度增加了 60mm。所以墙到参照平面距离变为 1200mm 如图 2-123 所示。

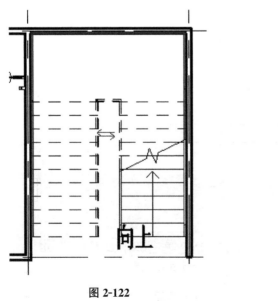

图 2-122

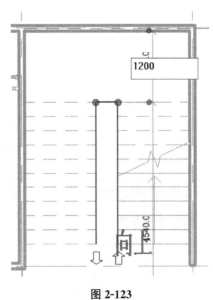

图 2-123

第三步点击标高 2 进入点击【内部扶手】点击【编辑路径】，如图 2-124 所示。

图 2-124

第四步开始绘制栏杆向下延长 60mm，再次连接墙体如图 2-125 所示。

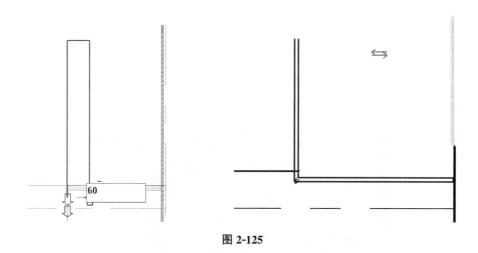

图 2-125

2. 洞口

点击建筑选项卡洞口面板的"【竖井】"指令开始创建洞口。如图 2-126 所示。

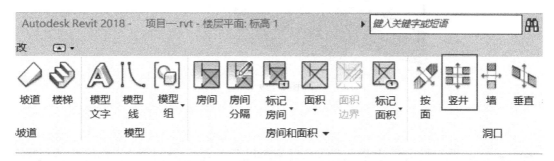

图 2-126

进入创建竖井显示界面中，点击绘制面板中边界线的【直线】命令，按楼梯的周围开始绘制与楼梯形状一致的矩形。如图 2-127 所示。

然后修改属性面板中，竖井的限制条件。将底部偏移改为 0，将顶部约束改为标高 2。如图 2-128 所示。

单击模式面板中的完成。洞口创建成功。在三维模式下查看。如图 2-129 所示。

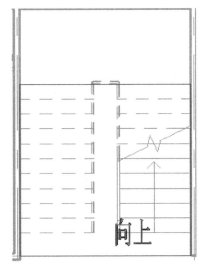

图 2-127

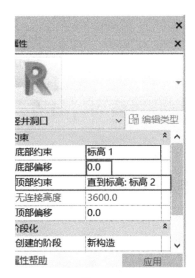

图 2-128

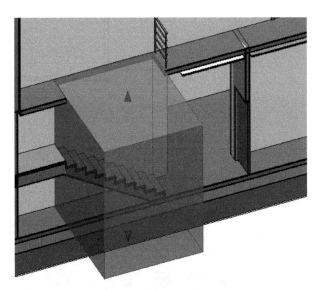

图 2-129

任务 10　创建台阶

2.15
创建台阶

首先在建筑选项卡中选择楼板命令如图 2-130 所示。

点击【楼板】命令选择【楼板；建筑】进入界面如图 2-131 所示。

在属性中选择点击编辑类型，然后在类型属性中点击复制修改名称为室外楼板如图 2-132 所示。

图 2-130

图 2-131

图 2-132

单机边界线直线开始绘制如图 2-133 所示。

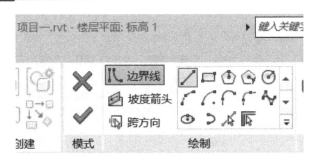

图 2-133

绘制完成宽度 1000mm 长度 1200mm 图如图 2-134 所示。

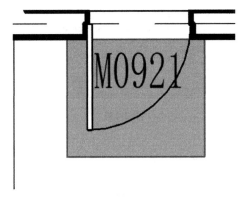

图 2-134

接下来创建一个轮廓族，点击文件选择新建点击族进入界面选择公制轮廓如图 2-135 所示。

图 2-135

点击直线绘制长 300mm、高 150mm，如图 2-136 所示。

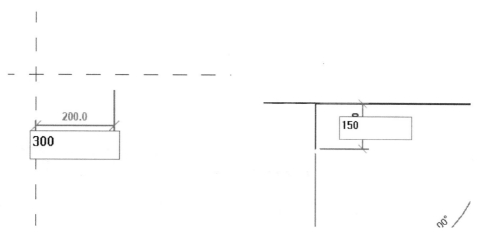

图 2-136

接下来开始点击另存为保存，如图 2-137 所示。

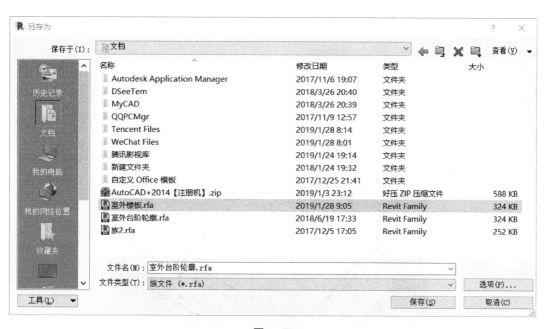

图 2-137

回到三维平面点击楼板命令选择楼板边，在属性中点击编辑类型，在轮廓中选择室外台阶轮廓，如图 2-138 所示。

接下来开始点击楼板建立成图 2-139。

绘制东立面的室外台阶方法同上，这里不再介绍。完成模样如图 2-140。

图 2-138

图 2-139

图 2-140

任务 11　创建散水

点击文件新建一个族打开公制轮廓打开界面我们选择直线命令如图 2-141。

之后开始绘制散水高度 100mm 长度 800mm。如图 2-142。

保存命名为散水在三维视图中，选择墙饰条，并复制创建室外散水，如图 2-143 所示。

2.16
创建散水

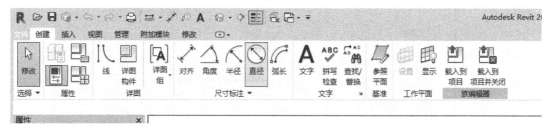

图 2-141

点击墙体边缘即放置散水图如图 2-144 所示。

室外散水创建成功，创建完成情况由图 2-145 所示。

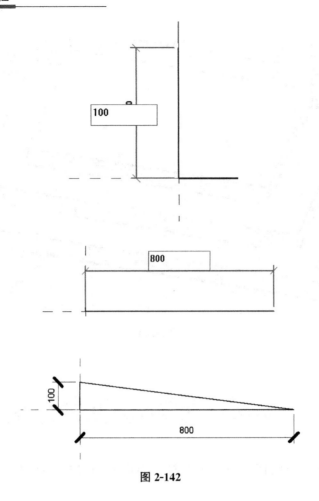

图 2-142

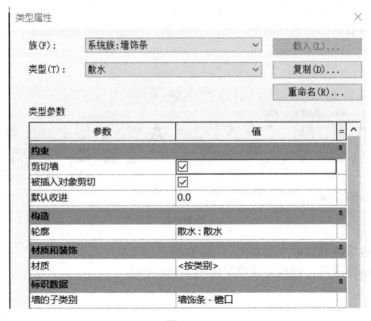

图 2-143

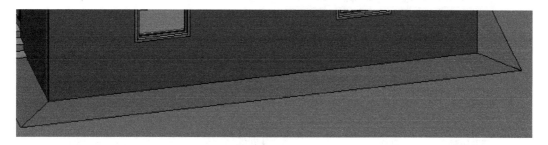

图 2-144

图 2-145

任务 12　创建坡道

2.17
创建坡道

在建筑选项卡的楼梯坡道面板中选择【坡道】，进入到创建坡道的界面中。如图 2-146 所示。

图 2-146

开始绘制坡道的轮廓。在属性面板中修改坡道的宽度为 1600mm，并修改底部偏移为室外地坪，顶部限制为标高一，顶部偏移为 0mm。如图 2-147 所示。

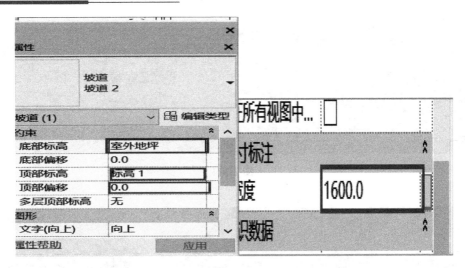

图 2-147

之后点击属性中的编辑类型将造型改为实体，功能改为内部如图 2-148 所示。

图 2-148

绘制参照面如图 2-149 所示。

图 2-149

绘制坡道轮廓。如图 2-150 所示。

点击完成，创建坡道。如图 2-151 所示。

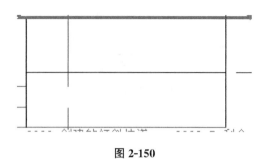

图 2-150

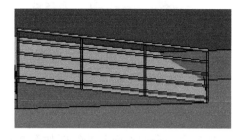

图 2-151

任务 13 创建场地

开始绘制场地，进入项目浏览器中点击室外地坪如图 2-152 所示。

在点击体量和场地选项卡选择【地形表面】命令如图 2-153 所示。

接下来点击参照平面进行绘制如图 2-154 所示。

2.18
创建场地

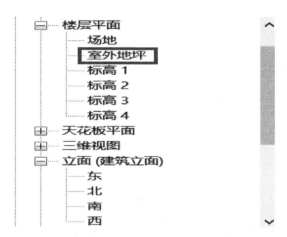

图 2-152

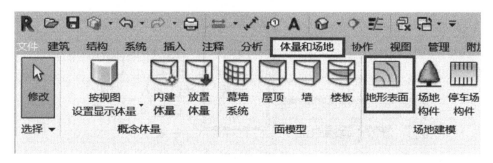

图 2-153

图 2-154

然后点击参照平面开始绘图如图 2-155 所示。

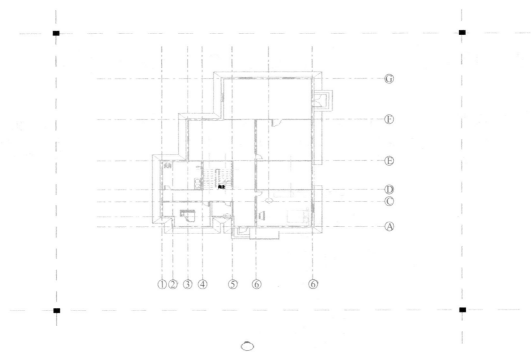

图 2-155

回到修改编辑表面中点击放置点命令如图 2-156 所示。

图 2-156

接下来把高程改为−450 如图 2-157 所示。

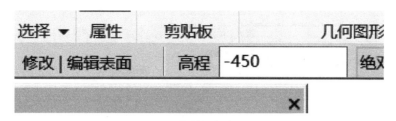

图 2-157

点击放置点点击参照平面 4 个连接处如图 2-158 所示。

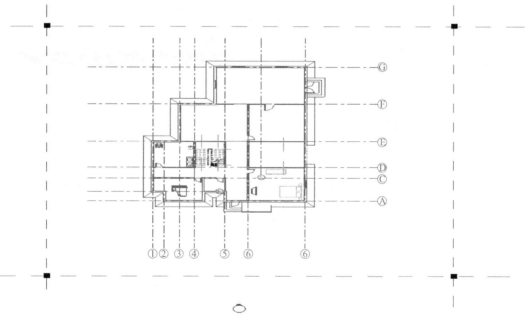

图 2-158

下来修改场地的材质点击材质中的按类别如图 2-159 所示。

图 2-159

进入界面在搜索中打入草的名字搜索到了点击然后在着色中选择使用渲染外观勾上，如图 2-160 所示。

然后建立好的场地如图 2-161 所示。

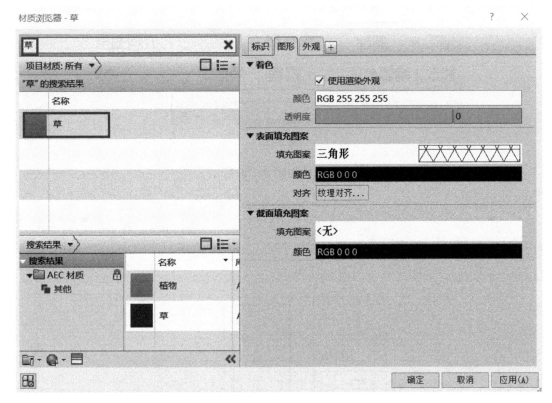

图 2-160

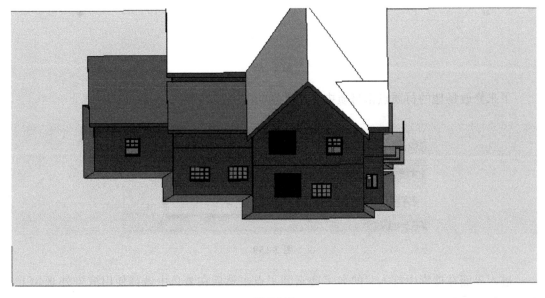

图 2-161

2.19
放置构件

任务 14　放置构件

　　放置构件包括了放置的有双人床，家具，电视等。以老人房内部构件为例，首先回到标高一处如图 2-162 所示。

　　在建筑选项卡中选择【构件】命令选择放置构件如图 2-163 所示。

　　在属性样板中点击【编辑类型】载入一个电视如图 2-164 所示。

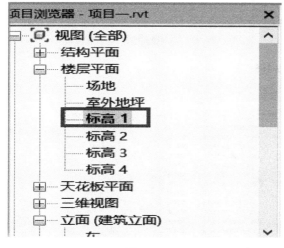

图 2-162

图 2-163

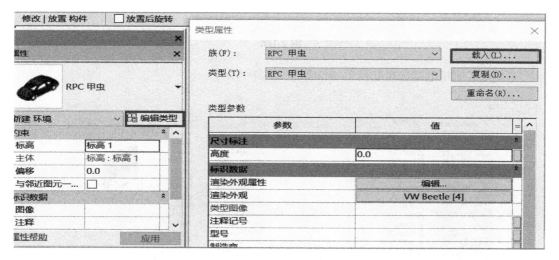

图 2-164

　　进入界面选择建筑如图 2-165 所示。

　　之后点击专用设备如图 2-166 所示。

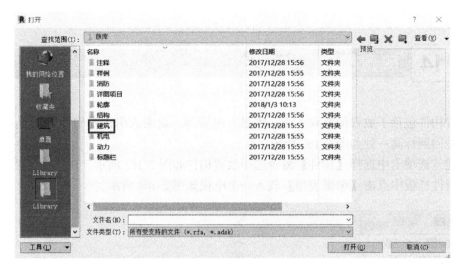

图 2-165

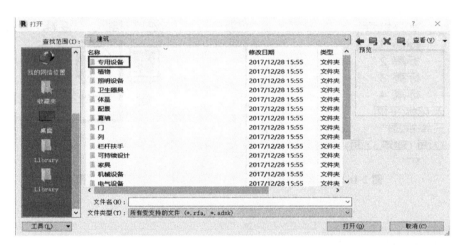

图 2-166

之后点击家用电器选择电视 1，rfa 如图 2-167 所示。

图 2-167

之后在【族】中选择电视 1 点击确定如图 2-168 所示。

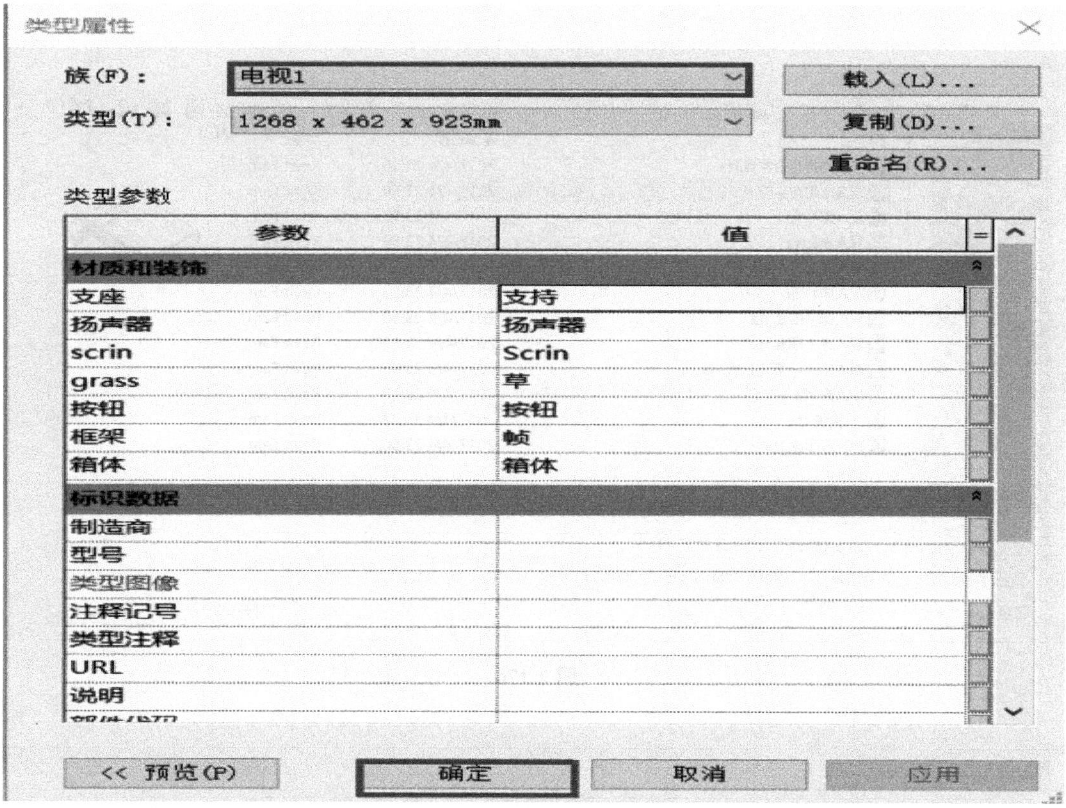

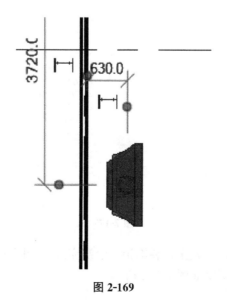

图 2-168

点击空格可以使电视转动如图 2-169 所示。

图 2-169

接下来载入双人床，重复之前的操作，点击双人床带床头柜 rfa 如图 2-170 所示。

接下来载入装饰柜，重复之前的操作，点击装饰柜 rfa 如图 2-171 所示。

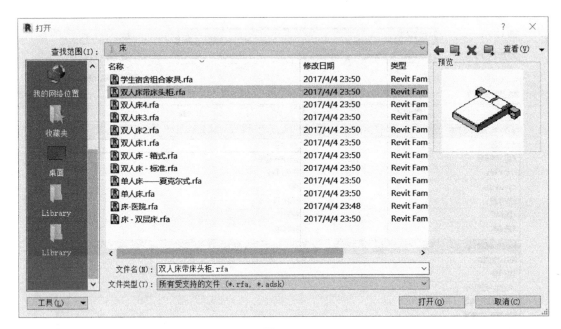

图 2-170

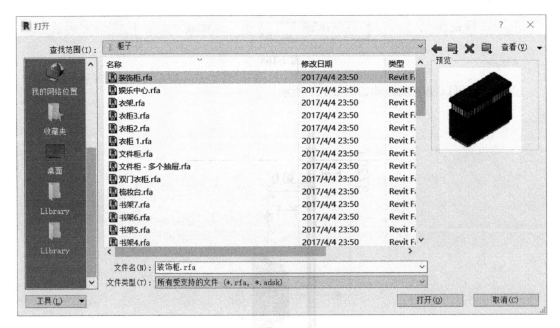

图 2-171

完成老人房绘制电视，双人床，装饰柜，绘制完成。如图 2-172 所示。

全部绘制完成二层小别墅如图 2-173 所示。

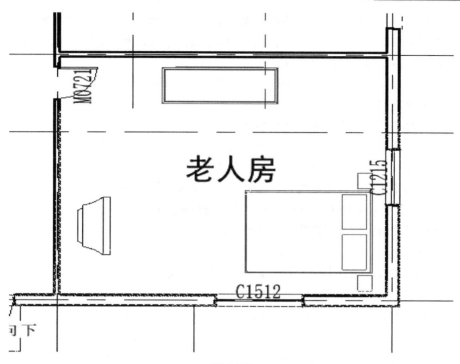

图 2-172

图 2-173

项目2　工作页 🔍

一、学习目标

1.掌握 Revit 建模软件的基本概念和基本操作（建模环境设置，项目设置、坐标系定义、标高及轴网绘制、命令与数据的输入等）。

2.掌握样板文件的创建（参数、族、视图、渲染场景、导入\导出以及打印设置等）。

3.掌握 Revit 参数化建模过程及基本方法：基本模型元素的定义和创建基本模型元素及其类型。

4.掌握 Revit 参数化建模方法及操作：包括基本建筑形体；墙体、门窗、楼梯、楼板、屋顶、台阶等基本建筑构件。

5.掌握 Revit 实体编辑及操作：包括移动、拷贝、旋转、阵列、镜像、删除及分组等。

6.掌握模型的族实例编辑：包括修改族类型的参数、属性、添加族实例属性等。

7.掌握创建 Revit 属性明细表及操作：从模型属性中提取相关信息，以表格的形式进行显示，包括门窗、构件及材料统计表等。

8.掌握创建设计图纸及操作：包括定义图纸边界、图框、标题栏、会签栏。

二、任务情境（任务描述）

1.以小别墅公共建筑为例创建建模模型。

2.设置建模环境设置，项目设置、坐标系定义、创建标高及轴网。

3.创建墙体、柱、门窗、楼梯、楼板、台阶、屋顶等基本建筑构件。

4.创建模型中所需的族类型参数，属性，添加族实例属性等。

5.创建 Revit 属性明细表，包括门窗、构件及材料统计表等。

6.创建设计图纸，定义图纸边界、图框、标题栏、会签栏。

三、任务分析

1.熟悉系统设置、新建 Revit 文件及 Revit 建模环境设置。

2.熟悉建筑族的制作流程和技能。

3.熟悉建筑方案设计 Revit 建模，包括建筑方案造型的参数化建模和 Revit 属性定义及编辑。

4.熟悉建筑方案设计的表现，包括模型材质及纹理处理；建筑场景设置；建筑场景渲染；建筑场景漫游。

5.熟悉建筑施工图绘制与创建。

6.熟悉模型文件管理与数据转换技能

四、任务实施

一、根据以下要求和给出的图纸，创建模型并将结果输出。在考生文件夹下新建名为"小别墅"的文件夹，并将结果文件保存在该文件夹内。

（1）BIM 建模环境设置

设置项目信息：①项目发布日期：2018 年 1 月 1 日；2018001-1

（2）BIM 参数化建模

1）根据给出的图纸创建标高、轴网、建筑形体，包括：墙、门窗、屋顶、楼梯、洞口、台阶。其中，要求门窗尺寸、位置、标记名称正确。未标明尺寸与样式不作要求。

2）主要建筑构件参数要求见表 2-1～表 2-3。

主要建筑构件表　　　　　　　　　　　　　　表 2-1

内墙	10 厚涂料	外墙	20 厚涂料	屋顶	20 厚瓦片	楼板	20 厚樱桃木
	200 厚混凝土		220 厚混凝土		混凝土 250		混凝土砌块
	10 厚内墙面层		20 厚涂料		水泥砂浆 10		水泥砂浆

窗明细表　　　　　　　　　　　　　　表 2-2

类型标记	宽度	高度
C1215	1200	1500
C1512	1500	1700
C0921	900	1200

门明细表　　　　　　　　　　表 2-3

类型标记	宽度	高度
M0721	700	2100
M3	3000	2200
M0921	900	2100
M1024	1800	2100
M1022	1000	2200

（3）创建图纸（图 2-174～图 2-182）

1）创建门窗表，要求包含类型标记、宽度、高度、底高度、合计，并计算总数。

2）建立 A3 或 A4 尺寸图纸，创建"2-2 剖面图"，样式要求（尺寸标注；试图比例：
1:200；图纸命名：2-2 剖面图；轴头显示样式；在底部显示）。

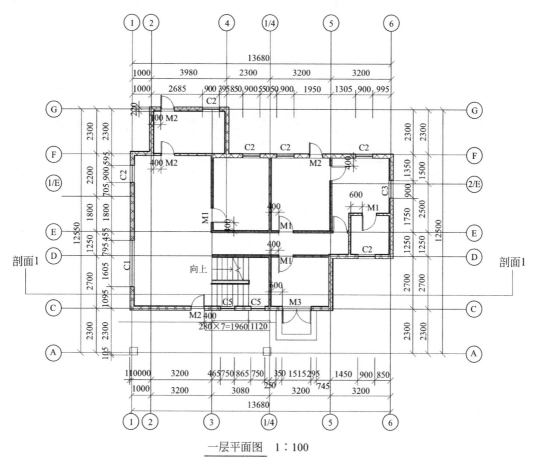

一层平面图　1:100

图 2-174

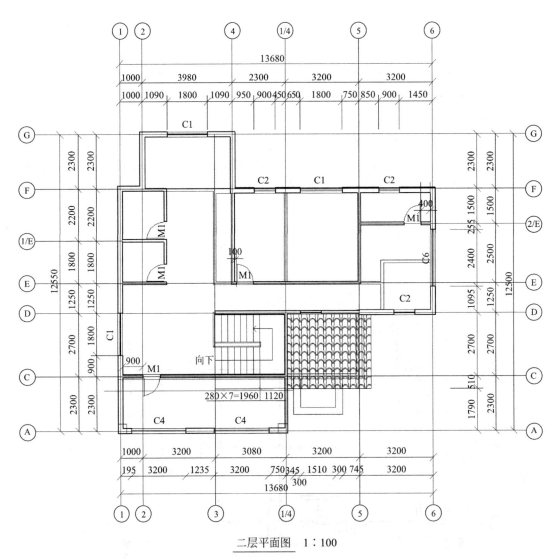

二层平面图　1：100

图 2-175

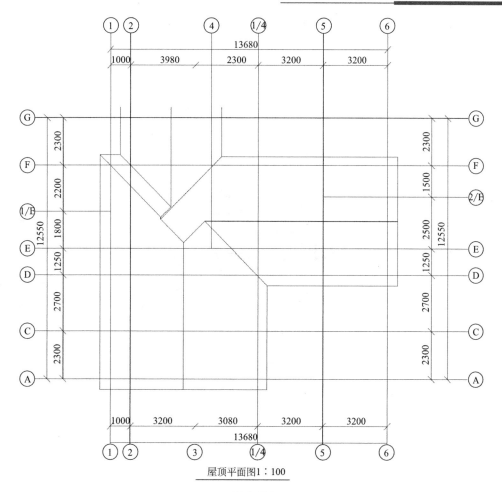

屋顶平面图1:100

图 2-176

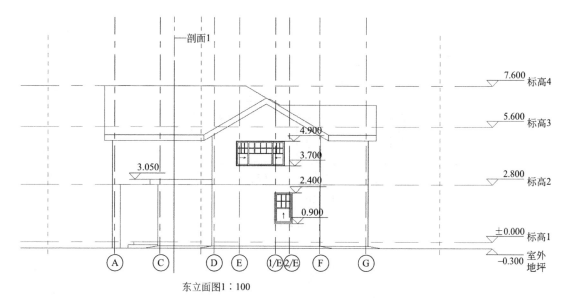

东立面图1:100

图 2-177

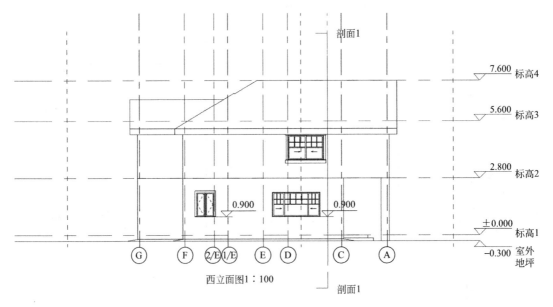

图 2-178

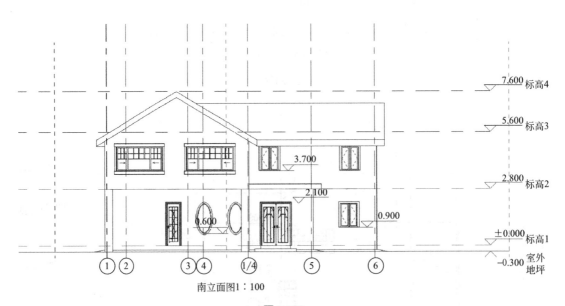

图 2-179

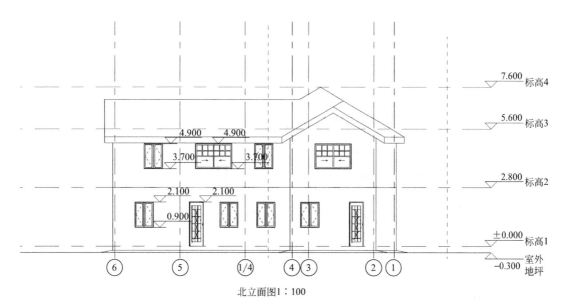

北立面图1:100

图 2-180

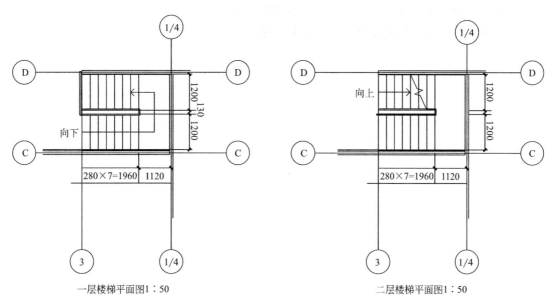

一层楼梯平面图1:50　　　　　二层楼梯平面图1:50

图 2-181

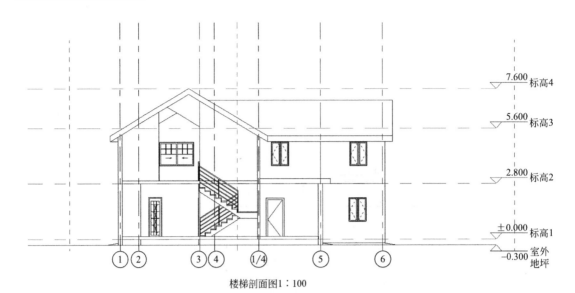

楼梯剖面图1：100

图 2-182

五、任务总结

1. 培养学生熟练掌握系统设置、新建 Revit 文件及 Revit 建模环境设置操作。

2. 培养学生熟练掌握 Revit 参数化建模的方法。

3. 培养学生熟练掌握族的创建与属性的添加。

4. 培养学生熟练掌握 Revit 属性定义与编辑的操作。

5. 培养学生熟练掌握创建图纸与模型文件管理的能力。

项目3

Chapter 03

办公楼

▶▶

任务 1 创建标高

选择建筑选项卡中基准面板的【标高】指令，任意打开一个立面图根据图纸进项标高的绘制，在绘制标高的同时修改标高的属性。如图 3-1 所示。

3.1
创建标高

18.600 楼梯顶层

15.850 屋顶顶部
15.600 屋顶

11.700 标高4

7.800 标高3

3.900 标高2

±0.000 标高1

图 3-1

任务 2　创建轴网

3.2
创建轴网

打开楼层平面标高 1，点击选项卡中的【轴网】命令进行轴网的绘制。如图 3-2 所示。

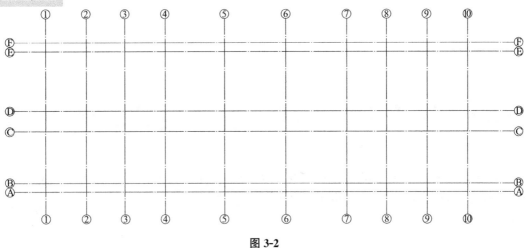

图 3-2

任务 3　外墙的创建及绘制

3.3
创建外墙

选择建筑选项卡构建面板中的【墙】指令。点击属性面板中的编辑类型选项后，进行外墙的创建，首先复制创建"办公楼外墙"。如图 3-3 所示。

开始编辑墙的结构。如图 3-4 所示。

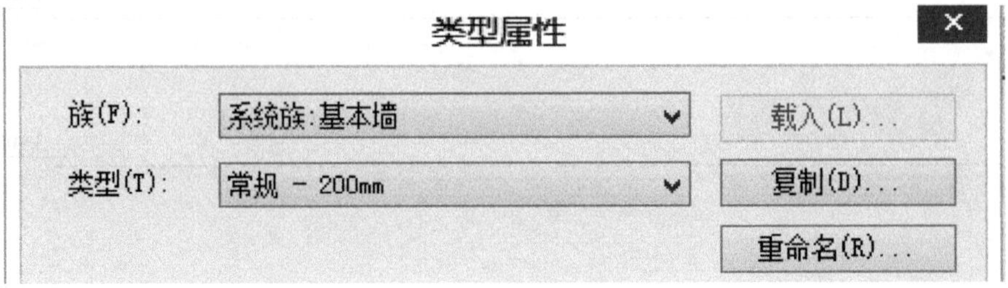

类型属性　✕

族(F):	系统族:基本墙 ⌄	载入(L)...
类型(T):	常规 － 200mm ⌄	复制(D)...
		重命名(R)...

图 3-3

如果材质浏览器中没有所需的材料可点击【材质库】，选择所需的材料。第一步，先创建一个材料。如图 3-5 所示。

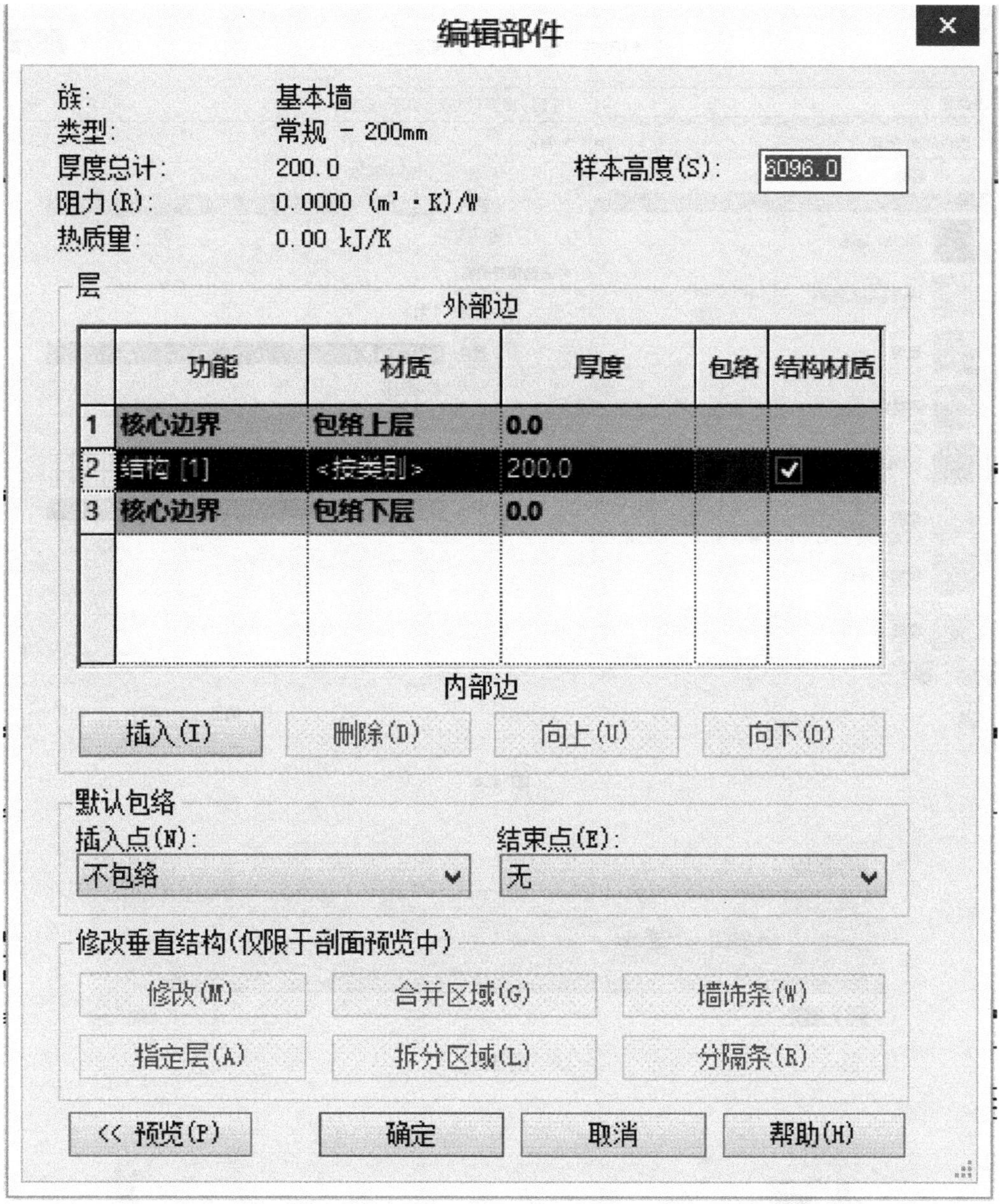

图 3-4

创建新材质后修改名称为所需要的材料名称。如图 3-6 所示。

打开位于下方的【材质库】，开始替换所需材料。如图 3-7 所示。

出现材质库，根据需要材料的分类或搜索材料名称，找到材料。如图 3-8 所示。

找到材料后，点击后面的【替换】，将材料的属性添加到刚刚复制创建的材料中。如图 3-9 所示。

关闭材质库，查看新建的材料属性。如图 3-10 所示。

如果想让模型的外观更加的真实，可以勾选【使用渲染外观】。如图 3-11 所示。

然后根据这一步对于材质的创建，开始创建外墙的所有材质。如图 3-12 所示。

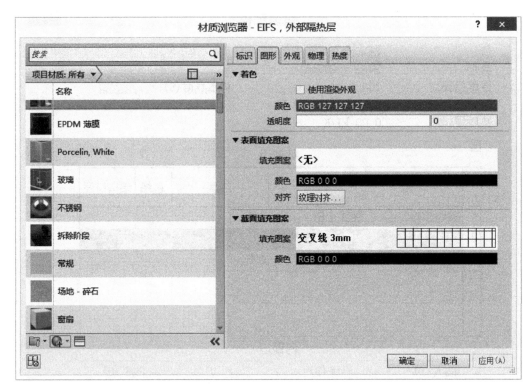

图 3-5

图 3-6

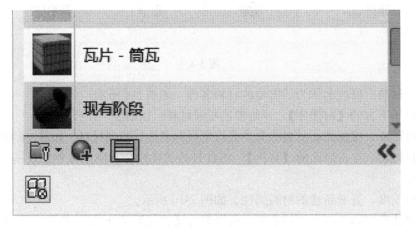

图 3-7

图 3-8

图 3-9

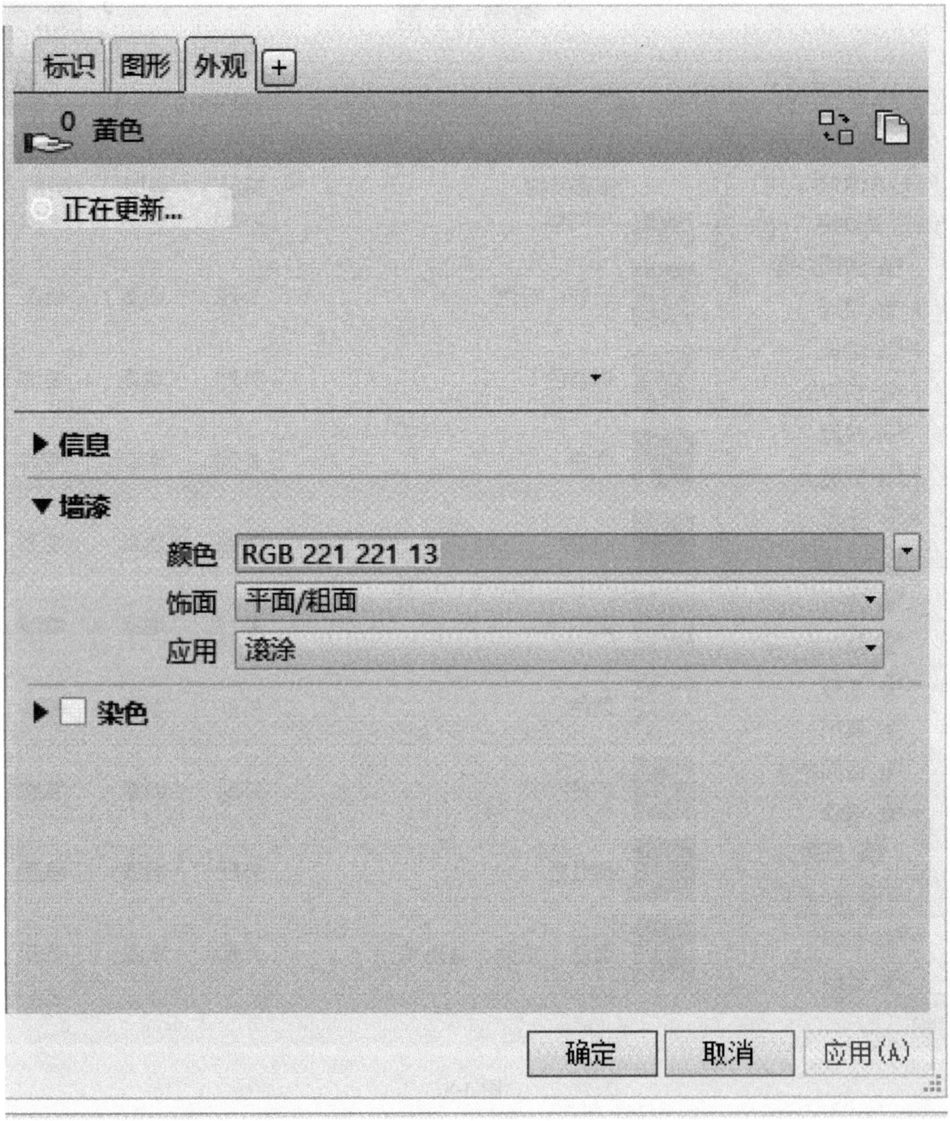

标识　图形　外观　+

0　黄色

正在更新...

▶ 信息

▼ 墙漆

　　颜色　RGB 221 221 13

　　饰面　平面/粗面

　　应用　滚涂

▶ ☐ 染色

确定　　取消　　应用(A)

图 3-10

▼ 着色

　　　　☑ 使用渲染外观

　　颜色　RGB 221 221 12

　　透明度　　　　　　　　　　0

▼ 表面填充图案

图 3-11

编辑部件

| 族: | 基本墙 |
| 类型: | 外墙 |

厚度总计:　　250.0　　　　样本高度(S):　6096.0
阻力(R):　　0.2866 (m²·K)/W
热质量:　　33.51 kJ/K

层

外部边

	功能	材质	厚度	包络	结构材质
1	面层 1 [4]	涂料 - 黄色	10.0	☑	☐
2	**核心边界**	**包络上层**	**0.0**		
3	结构 [1]	混凝土	230.0	☐	☑
4	**核心边界**	**包络下层**	**0.0**		
5	面层 2 [5]	枫木	10.0	☑	☐

内部边

插入(I)	删除(D)	向上(U)	向下(O)

默认包络
插入点(N):　　　　　　　　　　结束点(E):
不包络　　　　　　　　　　　　无

修改垂直结构(仅限于剖面预览中)

修改(M)	合并区域(G)	墙饰条(W)
指定层(A)	拆分区域(L)	分隔条(R)

<< 预览(P)	确定	取消	帮助(H)

图 3-12

任务 4　创建及绘制内墙

在建筑选项卡构建面板中选择【墙】指令，复制创建名为"办公楼内墙"，如图 3-13 所示。

编辑内墙的结构。如图 3-14 所示。

开始绘制办公楼内墙。绘制完成后如图 3-15 所示。

3.4
创建内墙

族(F):	系统族:基本墙	载入(L)···
类型(T):	内墙	复制(D)···
		重命名(R)···

图 3-13

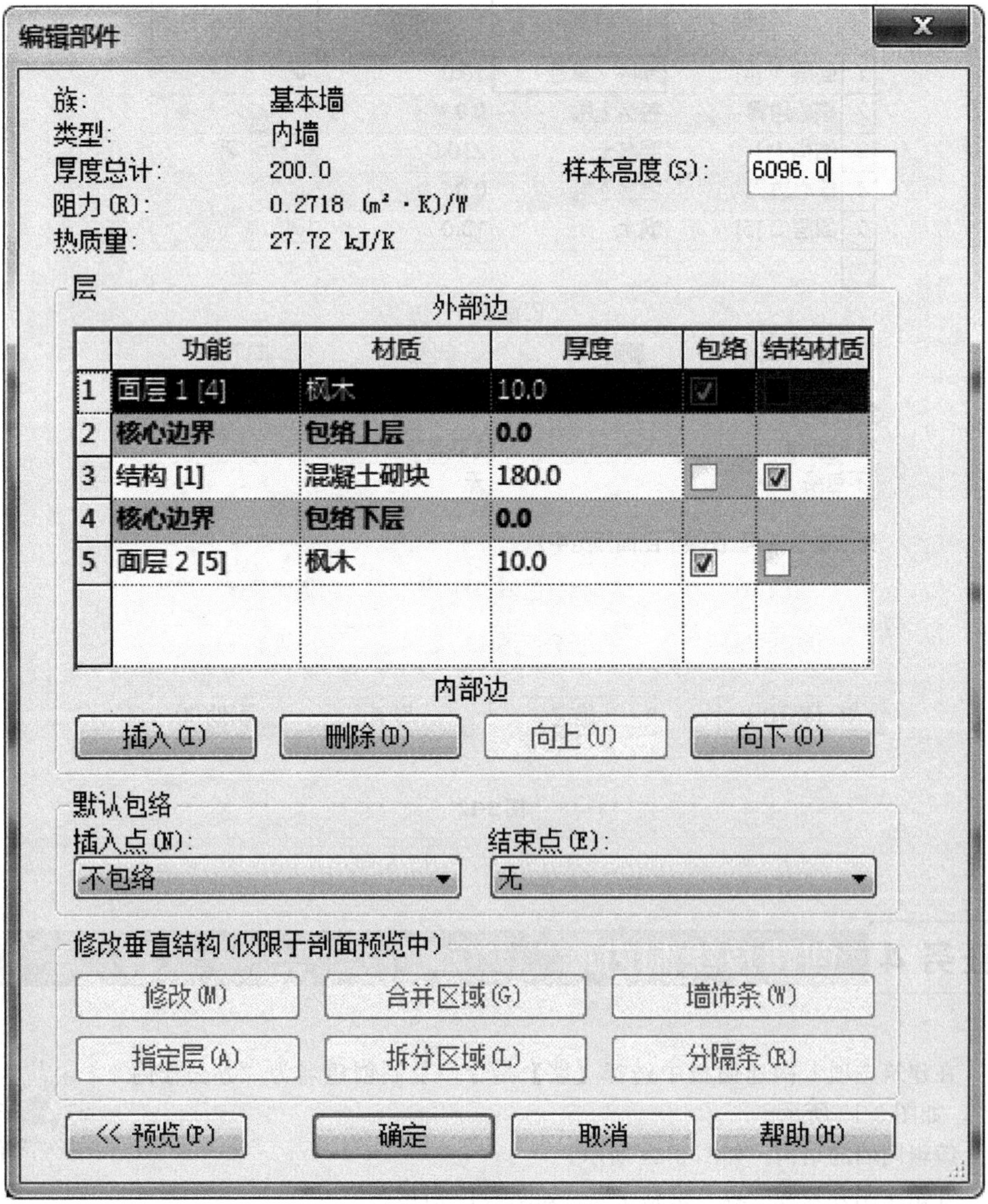

编辑部件

族: 基本墙
类型: 内墙
厚度总计: 200.0   样本高度(S): 6096.0
阻力(R): 0.2718 (m²·K)/W
热质量: 27.72 kJ/K

层

外部边

	功能	材质	厚度	包络	结构材质
1	面层 1 [4]	枫木	10.0	☑	☐
2	核心边界	包络上层	0.0		
3	结构 [1]	混凝土砌块	180.0	☐	☑
4	核心边界	包络下层	0.0		
5	面层 2 [5]	枫木	10.0	☑	☐

内部边

| 插入(I) | 删除(D) | 向上(U) | 向下(O) |

默认包络

插入点(N): 不包络
结束点(E): 无

修改垂直结构(仅限于剖面预览中)

| 修改(M) | 合并区域(G) | 墙饰条(W) |
| 指定层(A) | 拆分区域(L) | 分隔条(R) |

| << 预览(P) | 确定 | 取消 | 帮助(H) |

图 3-14

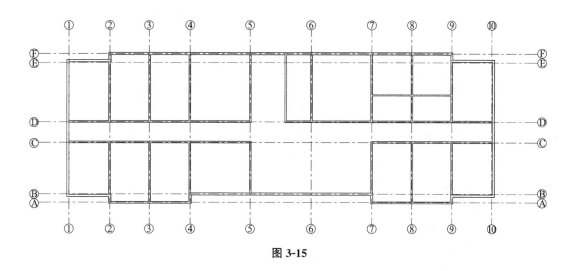

图 3-15

任务 5　创建柱

选择建筑选项卡构建面板中的【柱】命令中选择【结构柱】。如图 3-16 所示。

3.5
创建柱

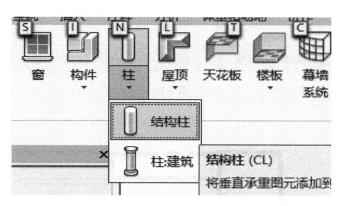

图 3-16

在属性面板中复制创建：办公楼柱【600mm×600mm】。如图 3-17 所示。

在楼层平面标高中，开始放置柱。柱的高度选择标高 2，如图 3-18 所示。

贴着面层放置柱。如图 3-19 所示。

在放置柱时用【Tab 键】与【对齐命令】进行调整。修改后柱的放置情况如图 3-20 所示。

标高 1 的柱放置。标高 2、标高 3、标高 4 以此类推。

图 3-17

图 3-18

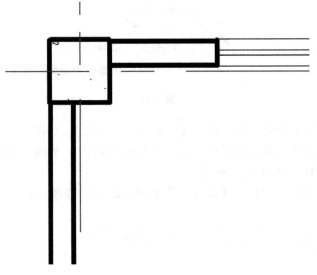

图 3-19

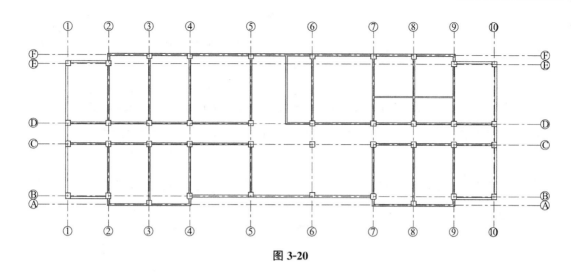

图 3-20

任务 6 创建 1、2 层门

创建门，复制创建"M1"【1000mm×2100mm】、"M2"【1500mm×2100mm】、"M4"【2400mm×2100mm】、"M5"【1500mm×2100mm】、"M6"【700mm×2100mm】并放置。如图 3-21 所示。

创建 2 层门窗与 1 层的创建相同，请参照上文开始创建。创建完成后如图 3-22 所示。

3.6
创建1、
2层门

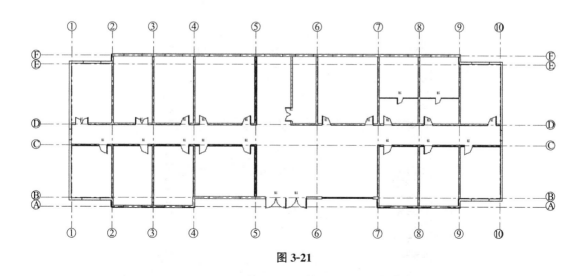

图 3-21

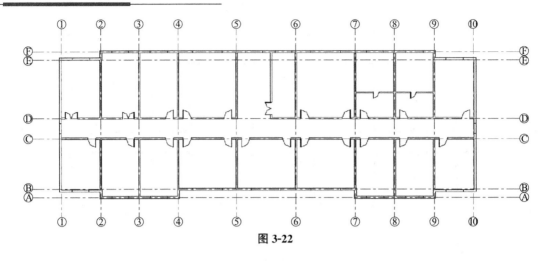

图 3-22

3.7
创建1、
2层窗

　　在建筑选项卡构建面板中选择【窗】，复制创建窗为"C1"并修改为
【2100mm×1800mm】底标高均为【900mm】。如图 3-23 所示。

　　放置窗 C1，放置后如图 3-24 所示。

类型属性			
族(F)：	组合窗 - 双层三列(平开+固定+平开) ▼		载入(L)...
类型(T)：	C1 ▼		复制(D)...
			重命名(R)...

类型参数

参数	值	
约束		☆
窗嵌入	65.0	
构造		☆
墙闭合	按主体	
构造类型		
材质和装饰		☆
玻璃	<按类别>	
框架材质	<按类别>	
尺寸标注		☆
平开扇宽度	700.0	
粗略宽度	2400.0	
粗略高度	1800.0	
高度	1800.0	
框架宽度	50.0	
框架厚度	80.0	

<< 预览(P)	确定	取消	应用

图 3-23

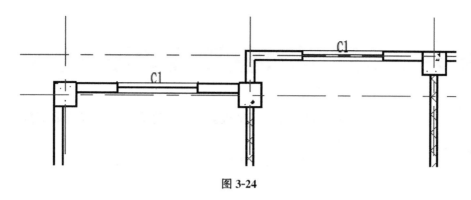

图 3-24

用类似方法一次创建窗 "C2" 【3600mm × 2400mm】与窗 "C3" 【1200mm × 1500mm】并放置。如图 3-25 所示。

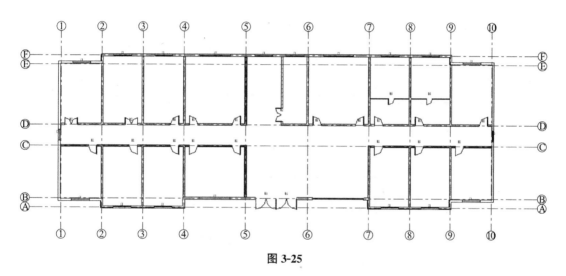

图 3-25

然后用同样的方法创建第二层的窗详图请查看 3-26 所示。

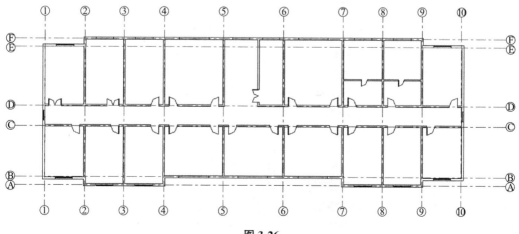

图 3-26

任务 8 创建办公楼楼板

3.8
创建办公
楼楼板

一层楼板的创建，选择【楼板】命令，边界线选择【拾取墙】，创建楼板。如图 3-27 所示。

当需要偏移高度时在属性面板中修改楼板的标高，如图 3-28 所示。

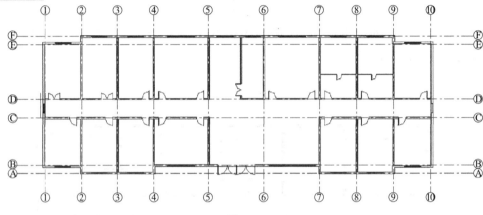

图 3-27

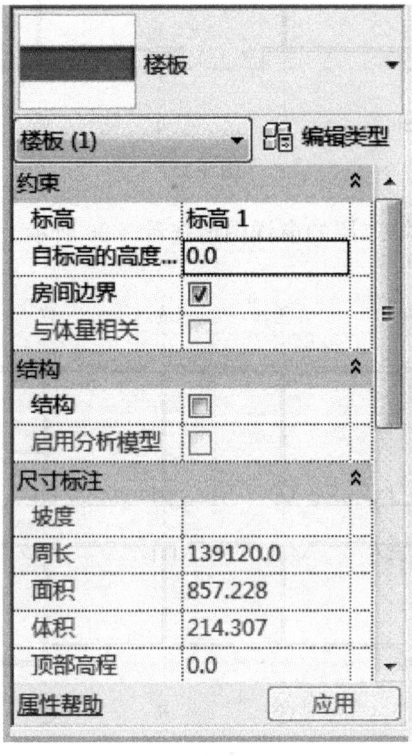

图 3-28

用上述方法绘制第二层楼板。如图 3-29 所示。

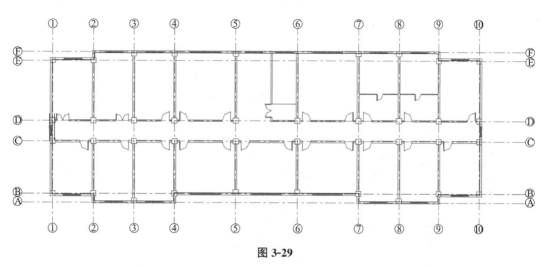

图 3-29

创建后的 3D 模型。如图 3-30 所示。

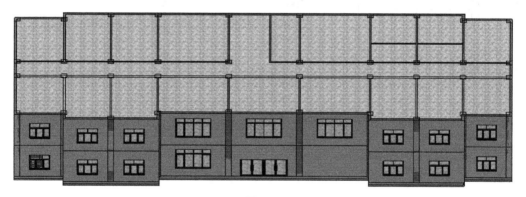

图 3-30

任务 9　创建楼梯与洞口

在建筑选项卡中选择【楼梯】。如图 3-31 所示。
首先创建【参照平面】。如图 3-32 所示。

3.9
创建楼梯
与洞口

图 3-31

开始修改楼梯的属性。在属性面板中修改宽度为【1350mm】，实际踏板深度为【300mm】，实际踢面高度为【180mm】。如图 3-33 所示。

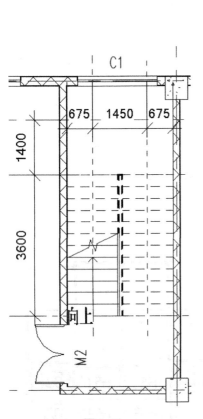

图 3-32

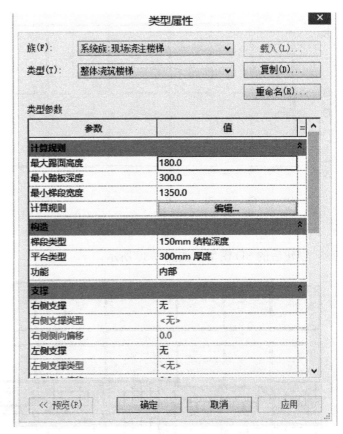

图 3-33

开始绘制。如图 3-34 所示。

点击完成，因为标高 1 的楼梯标高 2、3、4 的楼梯相同，可以选择【复制粘贴】的命令绘制。如图 3-35 所示。

在修改面板中选择【复制到剪切板】。如图 3-36 所示。

选择粘贴中的与选定标高对齐。如图 3-37 所示。

选择标高 2、3、4。楼梯创建成功，开始创建洞口。在建筑选项卡中选中【竖井】命令。如图 3-38 所示。

开始按照楼梯的轮廓绘制竖井的轮廓。如图 3-39 所示。

修改属性面板中竖井的【底部限制条件】与【顶部约束】。如图 3-40 所示。

完成绘制，做一个剖面视图，查看洞口与楼梯的创建情况。在视图选项卡的创建面板中选择剖面命令，如图 3-41 所示。

然后鼠标移动到要绘制剖面视图的地方，单击鼠标左键即可创建成功。如图 3-42 所示。

查看剖面图。如图 3-43 所示。

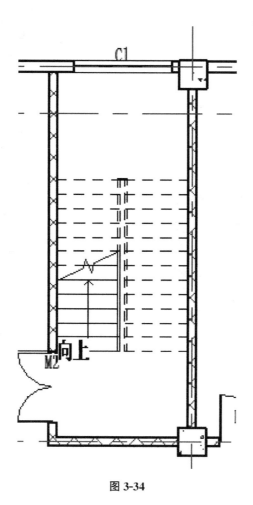

图 3-34

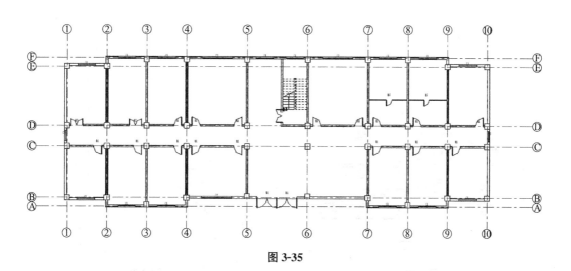

图 3-35

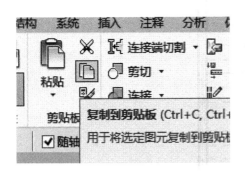

图 3-36

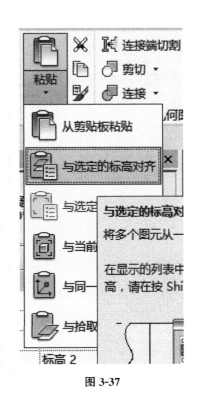

图 3-37

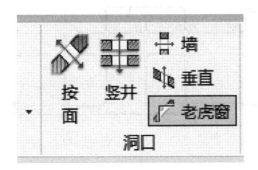

图 3-38

图 3-39

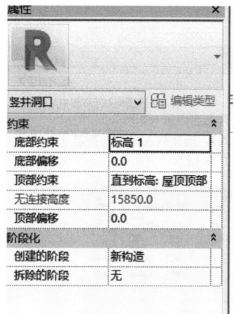

图 3-40

图 3-41

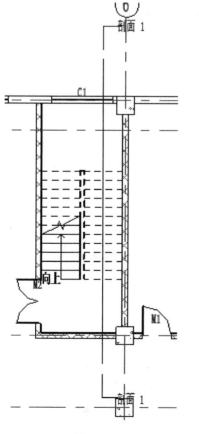

图 3-42

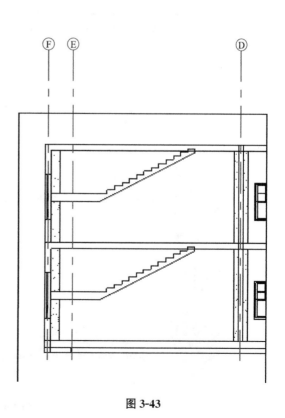

图 3-43

任务 **10**　创建雨篷

3.10
创建雨篷

在楼层平面标高 2 中创建雨篷。首先选择插入如图 3-44 所示。
找到插入后可以看到【在库中载入】，选择载入族如图 3-45 所示。
然后选择主入口雨篷这个族如图 3-46 所示。

图 3-44

图 3-45

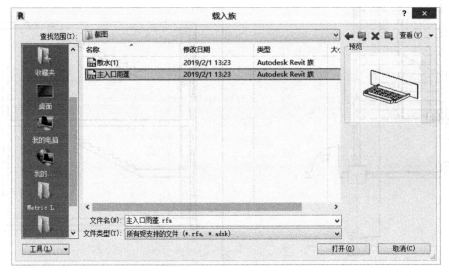

图 3-46

载入完成后回到建筑的选项卡，选择【构建】的选项如图 3-47 所示。

图 3-47

然后单击插入完成后，如图 3-48 所示。

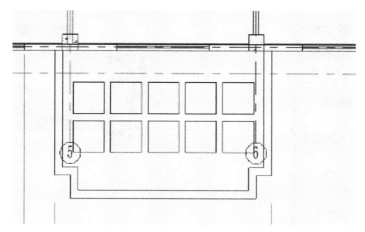

图 3-48

任务 11 创建 3、4 层

复制创建 3、4 层，打开三维视图框选取整个 2 层，如图 3-49 所示。
选择好以后在【修改】的选项中选择【剪贴板】，如图 3-50 所示。
点击与【选定标高对齐】，如图 3-51 所示。

3.11
创建3、
4层

图 3-49

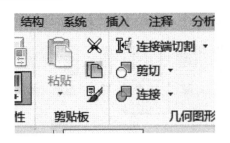

图 3-50

选择楼层平面，标高 3。直接创建 3 层，标高 4 同标高 3 做法。如图 3-52 所示。

图 3-51

图 3-52

创建完后的标高 3 的楼层平面，如图 3-53 所示。

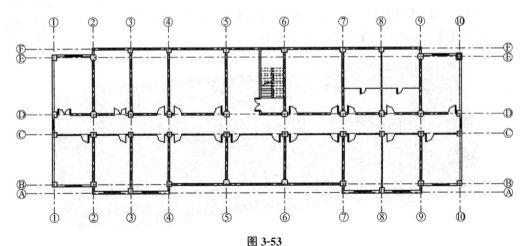

图 3-53

绘制内墙，绘制方法请参照项目 1，任务 3 创建墙体章节。创建完成后如图 3-54 所示。

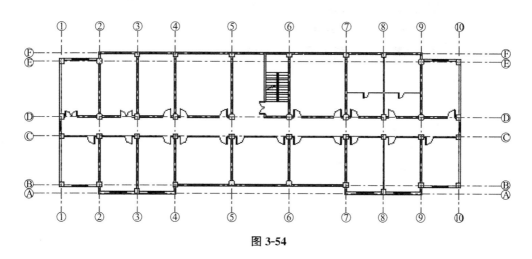

图 3-54

这里需要注意的是需要删除第四层的楼板，因为第四层已经到屋顶了，要在第四层绘制屋顶。

任务 12 创建屋顶

开始绘制天台屋顶。选择建筑选项卡构建面板中的【迹线屋顶】。首先开始编辑屋顶的结构，点击属性面板中的【编辑类型】，复制创建新的屋顶，"办公楼 4 层屋顶"如图 3-55 所示。

3.12
创建屋顶

开始编辑屋顶的结构。如图 3-56 所示。

族(F):	系统族:基本屋顶	载入(L)...
类型(T):	屋顶250mm	复制(D)...
		重命名(R)...

类型参数

图 3-55

首先插入面层，开始逐一编辑材质类型及厚度。如图 3-57、图 3-58 所示。
开始绘制屋顶。绘制后如图 3-59 所示。
绘制完成的三维图像。如图 3-60 所示。

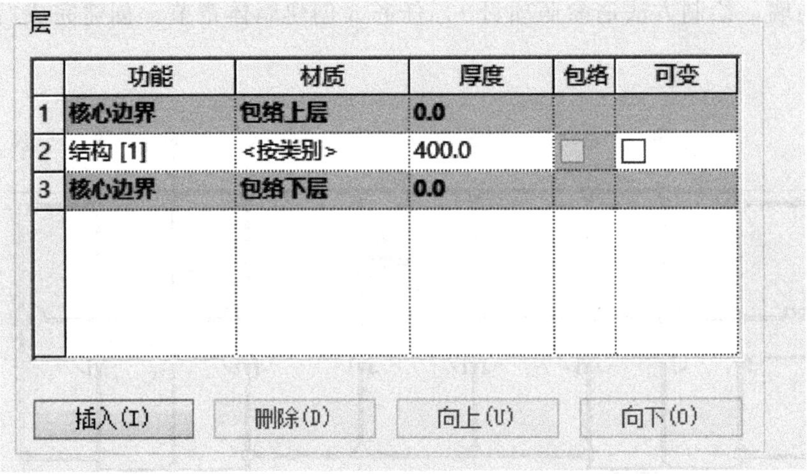

层

	功能	材质	厚度	包络	可变
1	**核心边界**	**包络上层**	**0.0**		
2	结构 [1]	<按类别>	400.0	□	□
3	**核心边界**	**包络下层**	**0.0**		

插入(I)　　删除(D)　　向上(U)　　向下(O)

图 3-56

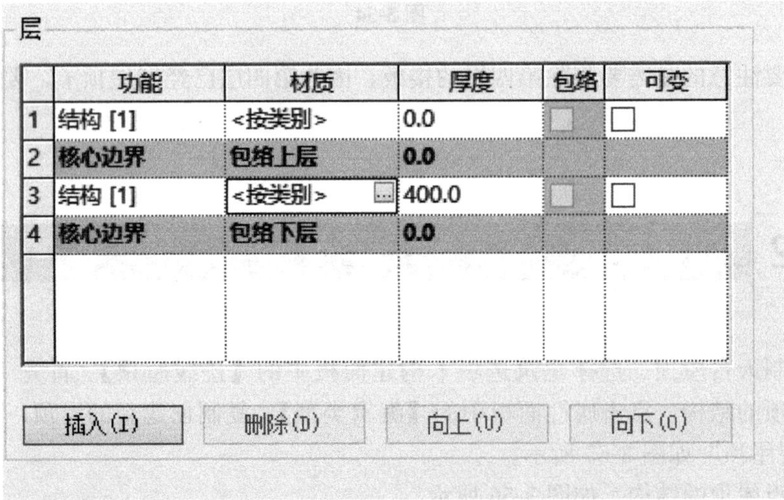

层

	功能	材质	厚度	包络	可变
1	结构 [1]	<按类别>	0.0	□	□
2	**核心边界**	**包络上层**	**0.0**		
3	结构 [1]	<按类别>　…	400.0	□	□
4	**核心边界**	**包络下层**	**0.0**		

插入(I)　　删除(D)　　向上(U)　　向下(O)

图 3-57

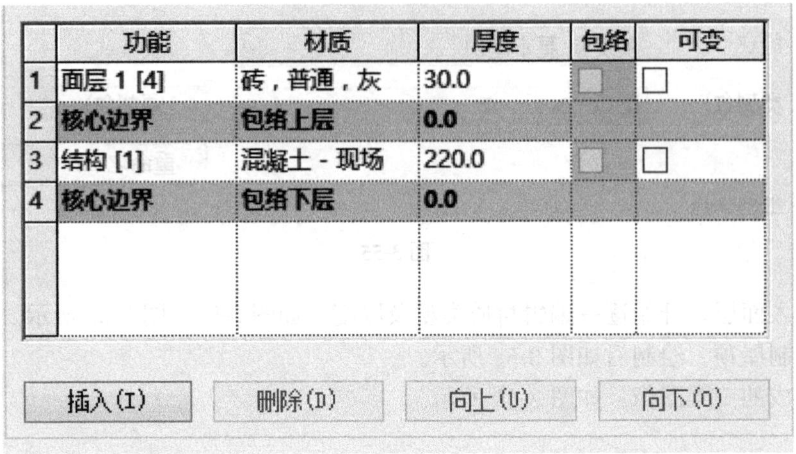

	功能	材质	厚度	包络	可变
1	面层 1 [4]	砖，普通，灰	30.0	□	□
2	**核心边界**	**包络上层**	**0.0**		
3	结构 [1]	混凝土 - 现场	220.0	□	□
4	**核心边界**	**包络下层**	**0.0**		

插入(I)　　删除(D)　　向上(U)　　向下(O)

图 3-58

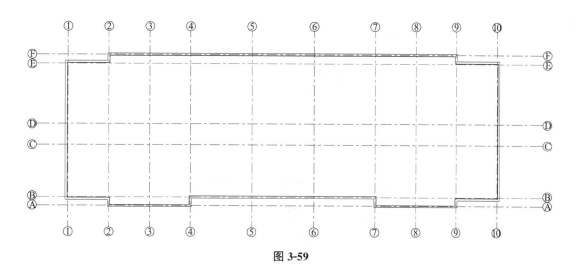

图 3-59

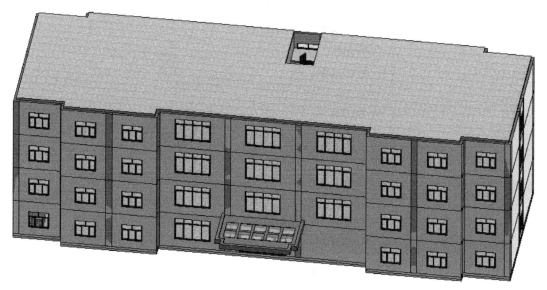

图 3-60

任务 13 绘制女儿墙

在建筑选项卡构建面板中选择【墙】命令，在属性面板中选中"办公楼外墙"在楼层平面"屋顶"上开始绘制。修改标高。如图 3-61 所示。

创建完成后如图 3-62 所示。

3.13
绘制
女儿墙

图 3-61

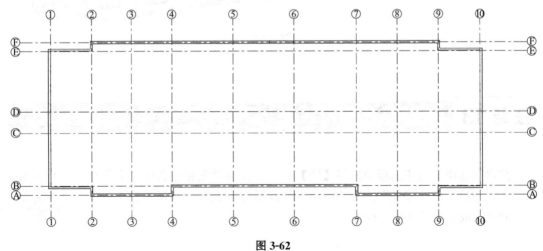

图 3-62

任务 14　创建幕墙

选择【墙】命令，并在属性面板中找到【幕墙】命令。如图 3-63 所示。

打开属性面板中的编辑类型，勾选【自动嵌入】。如图 3-64 所示。

在标高 1 楼层平面中绘制幕墙，【修改高度】，【底部限制为标高 2】，【顶部约束到屋顶标高】。如图 3-65 所示。

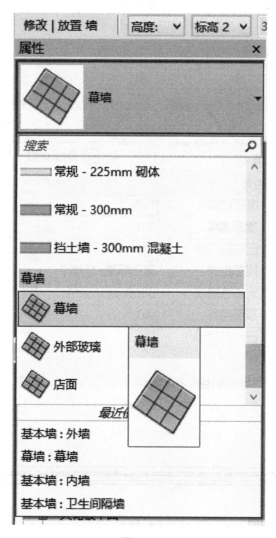

图 3-63

鼠标左键点击幕墙起始的位置，然后继续点击鼠标左键到结束的位置。幕墙所在墙的地方会自动变成幕墙。如图 3-66 所示。

将视图切换到南立面，继续创建幕墙网格与竖梃。如图 3-67 所示。

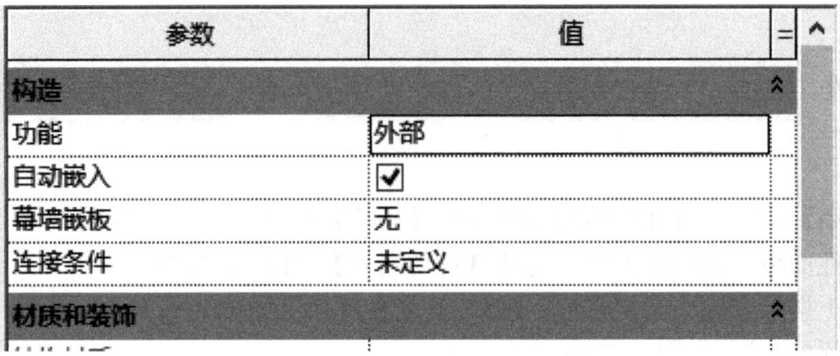

参数	值	=
构造		☆
功能	外部	
自动嵌入	☑	
幕墙嵌板	无	
连接条件	未定义	
材质和装饰		☆

图 3-64

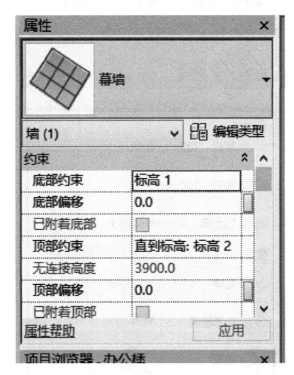

图 3-65

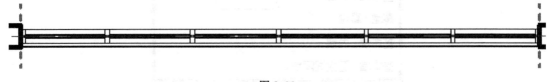

图 3-66

在建筑选项卡，构建面板中选择【幕墙网格】，先绘制网格确定竖梃的具体位置再安放竖梃。如图 3-68、图 3-69 所示。

按照尺寸的大小绘制网格之后，选择【竖梃】命令，鼠标点击网格时会自动形成竖梃。如图 3-70 所示。

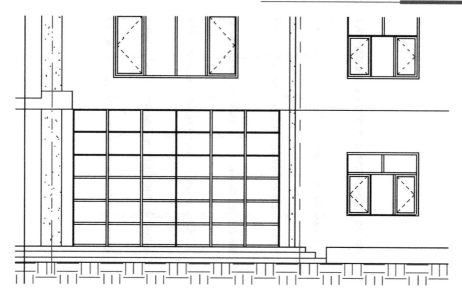

图 3-67

图 3-68

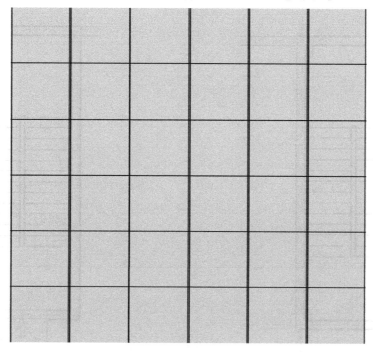

图 3-69

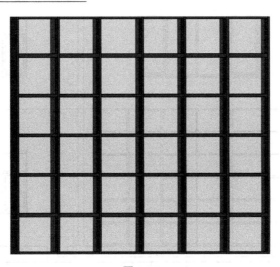

图 3-70

任务 15　屋顶楼梯间的绘制

3.15
绘制屋顶
楼梯间

　　可以看到屋顶有个小房子，按照之前墙的绘制方法，用【墙】命令绘制出四周的墙如图 3-71 所示。

　　把之前建造的 M5 放置在墙上如图 3-72 所示。

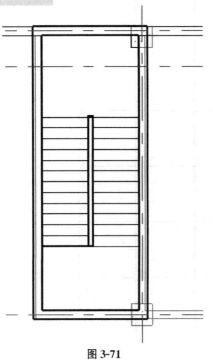

图 3-71

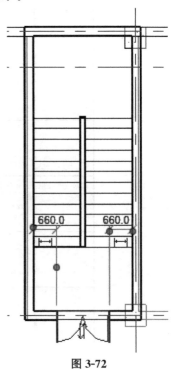

图 3-72

用使用【屋顶】命令绘制屋顶向外【悬挑 400mm】。如图 3-73、图 3-74 所示。

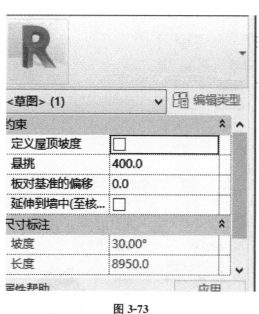

图 3-73

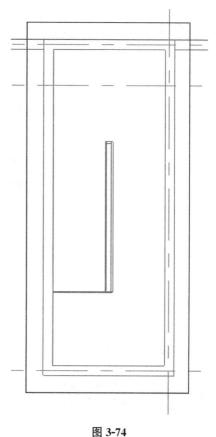

图 3-74

完成绘制最终如图 3-75 所示。

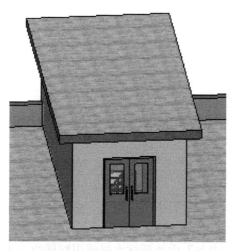

图 3-75

这里的楼梯我们需要注意将其修改到【顶部标高】到屋顶顶部。

任务 16	室内构件的绘制

3.16
室内构件
的绘制

打开标高 1 选择【构建】命令如图 3-76 所示。

点击【编辑类型】命令在类型属性中选择【载入】命令打开【建筑-家具-3D-系统家具-办公桌椅组合 3】，如图 3-77 所示。

图 3-76

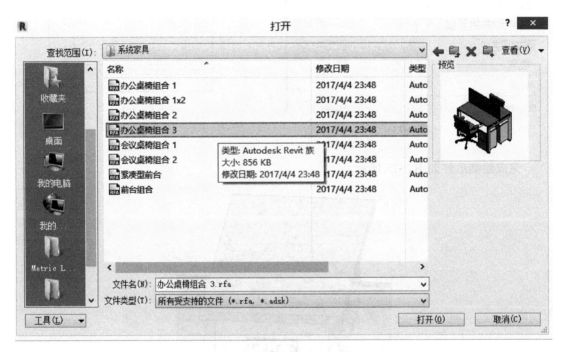

图 3-77

点击确定绘制即可，在绘制过程中可以用【空格】改变方向也可以使用【对齐】使它们拼接在一起如图 3-78、图 3-79 所示。

还可以在【建筑－专用设备】中找到饮水机使用同样的方法布置如图 3-80 所示。

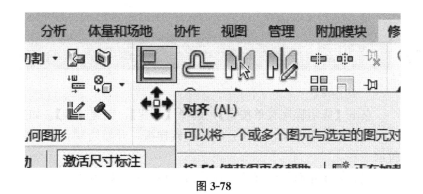

图 3-78

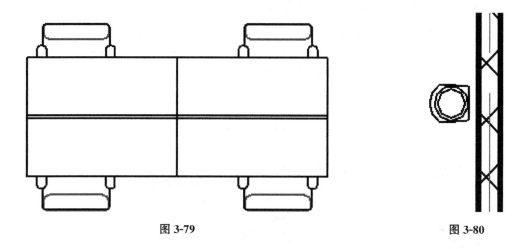

图 3-79 图 3-80

　　卫生间部分的洗脸盆绘制方法与之相同载入【台式双洗脸盆】点击绘制即可如图 3-81
所示。

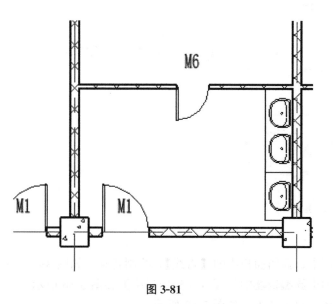

图 3-81

| 任务 **17** | 绘制台阶 |

3.17
绘制台阶

点击【应用程序菜单按钮】，选择【新建】，创建【族】。如图 3-82 所示。

出现了族库界面，选择公制轮廓族样板，开始绘制台阶轮廓。如图 3-83
所示。

族的创建界面与模型的创建界面有些不同。如图 3-84 所示。

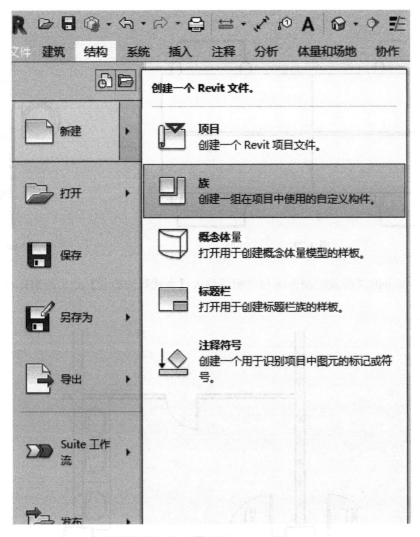

图 3-82

选择创建选项卡，详图面板中的【直线】，绘制轮廓。如图 3-85 所示。

点击创建选项卡族编辑器中的【载入到项目中】如图 3-86 所示。

或者在办公楼项目中载入。如图 3-87 所示。

图 3-83

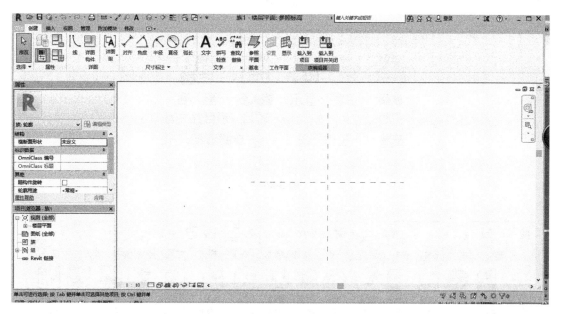

图 3-84

在楼层平面标高一中创建台阶。首先选择【楼板：建筑】绘制台阶主体如图 3-88 所示。

开始放置台阶，选择构建面板【楼板】命令中的【楼板边】命令。如图 3-89 所示。

复制创建 tj 如图 3-90 所示。

修改轮廓为刚创建的室外台阶轮，点击刚创建的楼板边缘即放置成功。如图 3-91 所示。

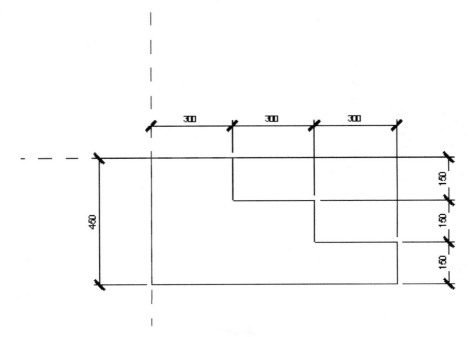

图 3-85

图 3-86

图 3-87

图 3-88

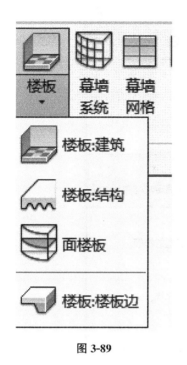

图 3-89

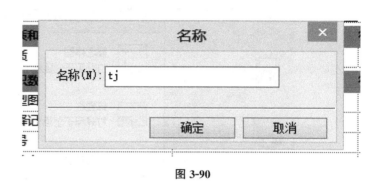

图 3-90

图 3-91

任务 18　创建散水

　　点击应用程序菜单按钮继续创建一个新的散水轮廓【族】，如图 3-92 所示。

　　画出如图 3-93 的图形，【保存并载入族】中。

　　保存并命名为散水。

　　在三维视图中，选择【墙饰条】，并复制创建室外散水，如图 3-94 所示。

　　点击墙体边缘即放置散水图 3-95 所示。

3.18 创建散水

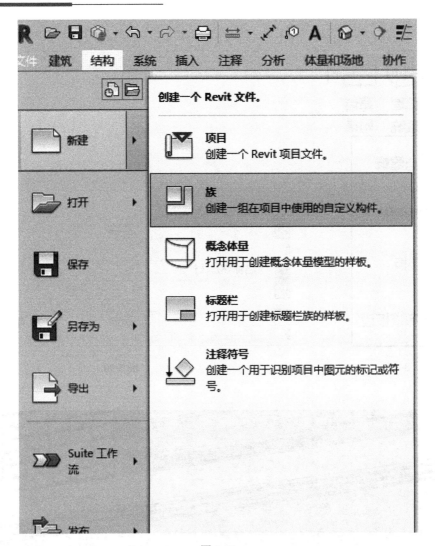

图 3-92

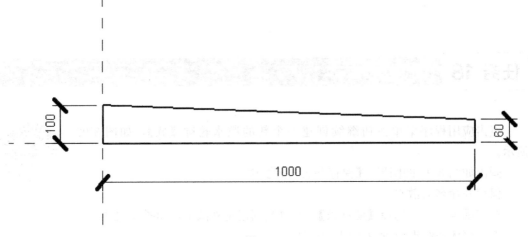

图 3-93

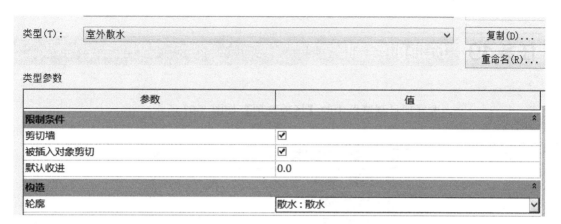

图 3-94

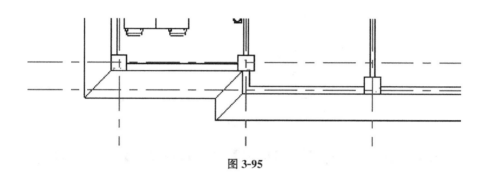

图 3-95

室外散水创建成功，创建完成情况由图 3-96 所示。

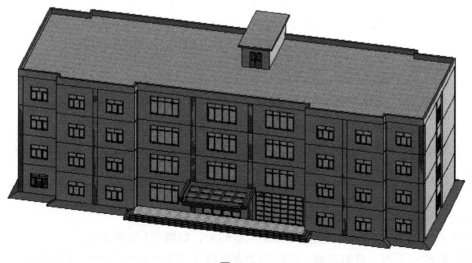

图 3-96

3.19
场地的
绘制

| 任务 19 | 场地的绘制 |

选择项目浏览器中的【场地选项】如图 3-97 所示。

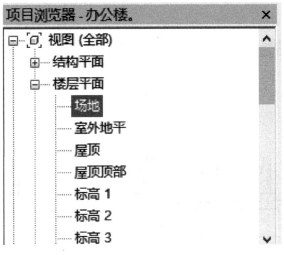

图 3-97

然后在上面的选项卡中选择【体量和场地】中的【地形表面】如图 3-98 所示。

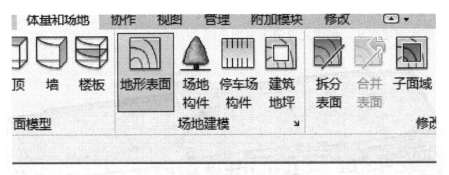

图 3-98

可以看见【放置点】的选项，在放置之前可以画【参照平面】来辅助，放置点如图 3-99 所示。

选择放置点如图 3-100 所示。

然后在交点处【放置点】如图 3-101 所示。

四个点选择完成后点击完成就可自动生成地面，如图 3-102 所示。

需要修改一下四个点的立面，选择四个点修改标高为-450，如图 3-103 所示。

修改完成后，可以看到场地就被调整到室外地坪的位置，如图 3-104 所示。

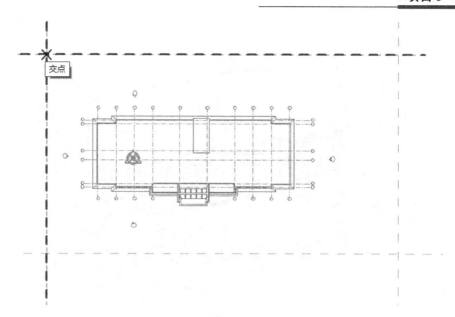

图 3-99

图 3-100

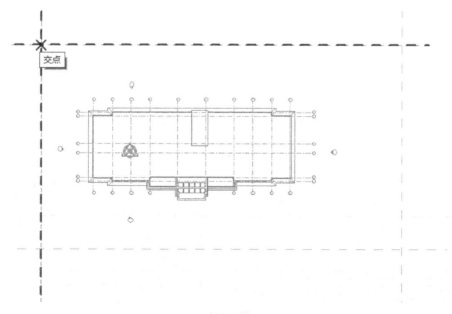

图 3-101

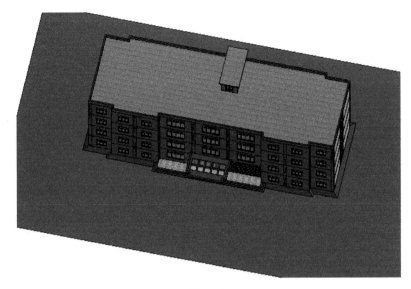

图 3-102

图 3-103

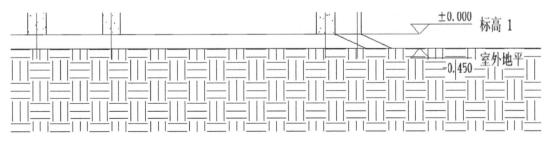

图 3-104

在场地的构建选项中选择【载入建筑场地】【体育设施选择】【体育场选择】【篮球场】单击确定地点选在所需要的位置即可，如图 3-105 所示。

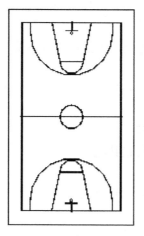

图 3-105

插入树木的方法类似于体育场中介绍的方法，这里我们就不再详细说明。

项目3　工作页 🔍

一、学习目标

1. 掌握 Revit 建模软件的基本概念和基本操作（建模环境设置，项目设置、坐标系定义、标高及轴网绘制、命令与数据的输入等）。

2. 掌握样板文件的创建（参数、族、视图、渲染场景、导入＼导出以及打印设置等）。

3. 掌握 Revit 参数化建模过程及基本方法：基本模型元素的定义和创建基本模型元素及其类型。

4. 掌握 Revit 参数化建模方法及操作：包括基本建筑形体；墙体、柱、门窗、屋顶、地板、天花板、散水、楼梯等基本建筑构件。

5. 掌握 Revit 实体编辑及操作：包括移动、拷贝、旋转、阵列、镜像、删除及分组等。

6. 掌握模型的族实例编辑：包括修改族类型的参数、属性、添加族实例属性等。

7. 掌握创建 Revit 属性明细表及操作：从模型属性中提取相关信息，以表格的形式进行显示，包括门窗、构件及材料统计表等。

8. 掌握创建设计图纸及操作：包括定义图纸边界、图框、会签栏等。

二、任务情境（任务描述）

1. 以办公楼为例创建建模模型。

2. 设置建模环境设置，项目设置、坐标系定义、创建标高及轴网。

3. 创建墙体、柱、门窗、屋顶、地板、天花板、散水、楼梯等基本建筑构件。

4. 创建模型中所需的族类型参数，属性，添加族实例属性等。

5. 创建 Revit 属性明细表，包括门窗、构件及材料统计表等。

6.创建设计图纸，定义图纸边界、图框、标题栏、会签栏。

三、任务分析

1.熟悉系统设置、新建 Revit 文件及 Revit 建模环境设置。

2.熟悉建筑族的制作流程和技能。

3.熟悉建筑方案设计 Revit 建模，包括建筑方案造型的参数化建模和 Revit 属性定义及编辑。

4.熟悉建筑方案设计的表现，包括模型材质及纹理处理；建筑场景设置；建筑场景渲染；建筑场景漫游。

5.熟悉建筑施工图绘制与创建。

6.熟悉模型文件管理与数据转换技能。

四、任务实施

根据以下要求和给出的图纸，创建出模型：

（1）Revit 建模的环境设置

设置项目信息：①项目发布日期 2019-2-16；项目编码：2019002-16

（2）Revit 参数化建模

1）根据给出的图纸创建标高、轴网、建筑形体，包括墙、门窗、幕墙、柱子、屋顶、楼板、楼梯、洞口，其中要求门窗位置、尺寸、标记名称正确，未注明尺寸样式不做要求。

2）主要建筑构建参数要求见表 3-1～表 3-4。

主要构件明细表   表 3-1

名称	材质	厚度
外墙	板岩	20
	混凝土	200
	板岩	20
内墙	粉刷,米色,平滑	20
	混凝土砌块	200
	粉刷,米色,平滑	20
楼板	瓷砖,瓷器,4英寸	20
	混凝土-现场浇筑	180
屋顶	灰泥	20
	混凝土-现场浇筑	180

窗明细表   单位：mm   表 3-2

类型标记	宽度	高度	底高度	合计
窗嵌板上悬无框铝窗	1420	950		2
C3630	3600	3000	300	8
C2118	2100	1800	900	24
C3624	3600	2400	900	8

总计：42

门明细表　　单位：mm

表 3-3

类型标记	宽度	高度	合计
M0921	900	2100	48
M1221	1200	2100	8
门嵌板双开门3		2925	7

总计：63

表 3-4

室外地坪	−0.450
F1	±0.00
F2	4.000
F3	8.000
F4	12.000
屋顶	16.000
女儿墙	17.200

（3）创建图纸（图 3-106～图 3-118）

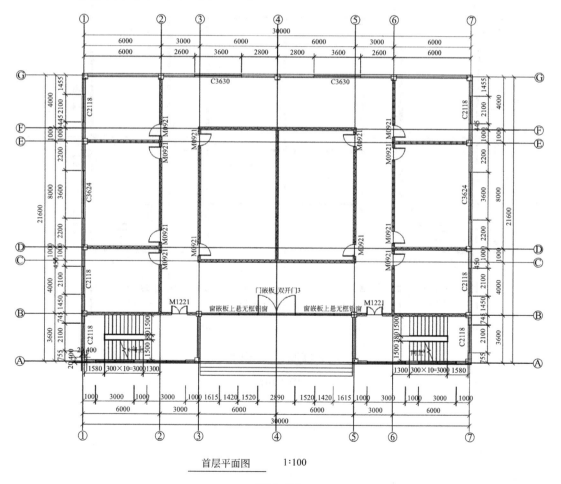

首层平面图　　1:100

图 3-106

1）创建门窗明细表，要求包含类型标记、宽度、高度、底高度、合计，并计算总和。

2）创建 A4 尺寸图纸，创建 1-1 剖面图。

（4）模型文件管理

1）用【办公楼】为项目名称，并保存项目。

2）将创建的"1-1 剖面图"导出为 AutuCAD DWG 文件，命名为 1-1 剖面图。

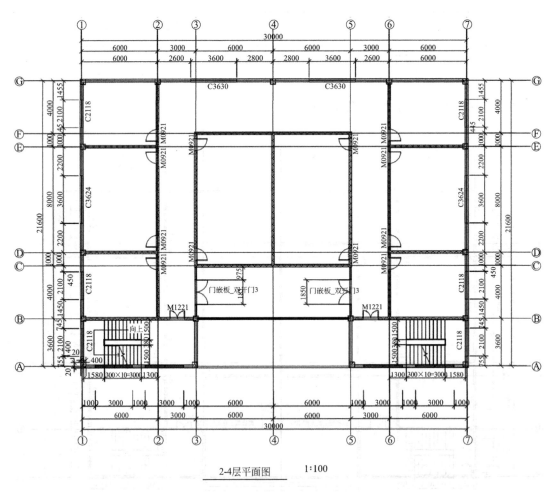

2-4层平面图　　　1:100

图 3-107

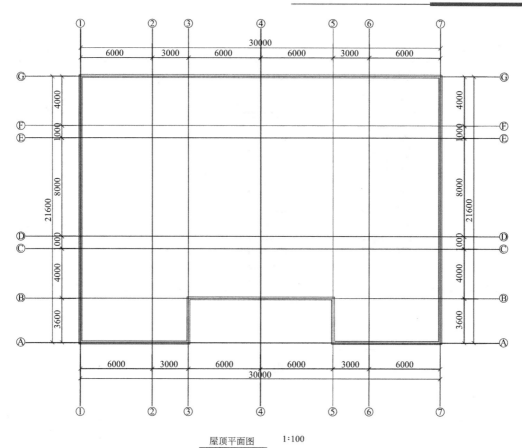

屋顶平面图　1:100

图 3-108

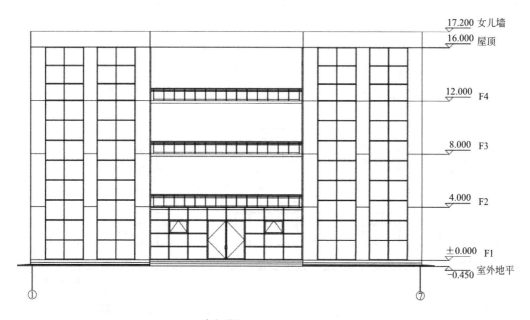

南立面图 1:100

图 3-109

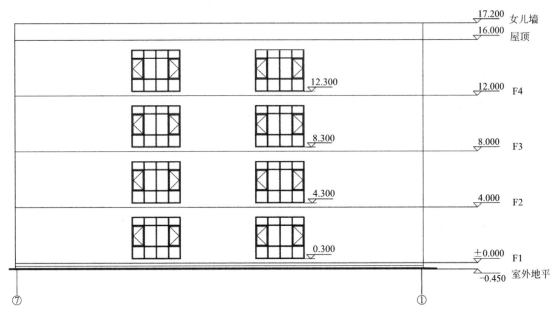

北立面图　1:100

图 3-110

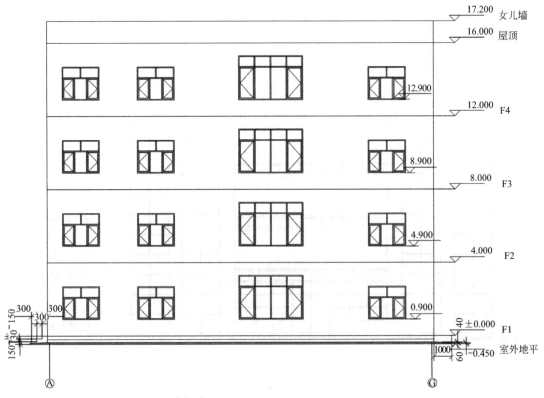

东立面图　1:100

图 3-111

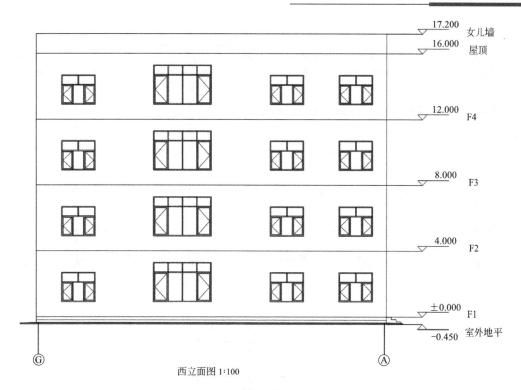

西立面图 1:100

图 3-112

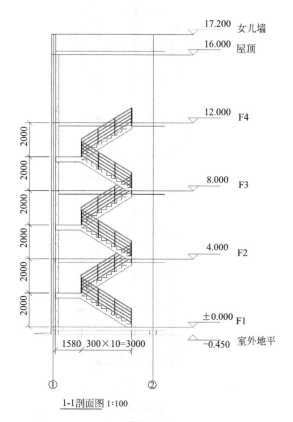

1-1剖面图 1:100

图 3-113

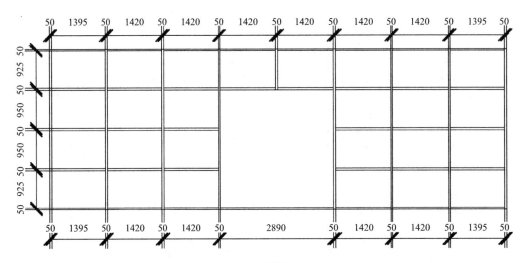

幕墙1

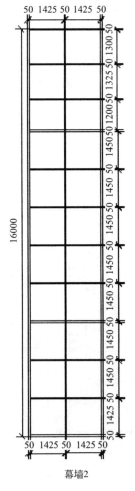

幕墙2

图 3-114

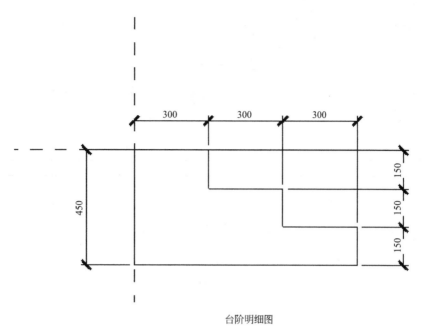

台阶明细图

图 3-115

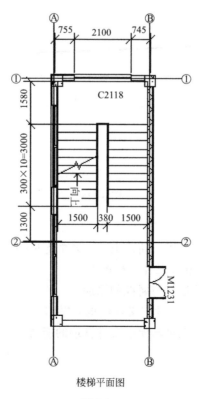

楼梯平面图

图 3-116

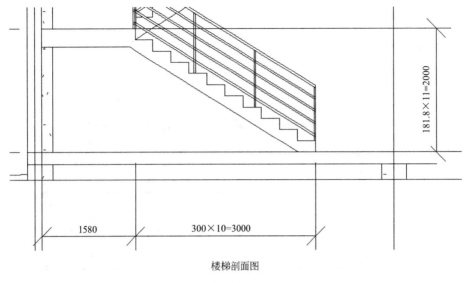

楼梯剖面图

图 3-117

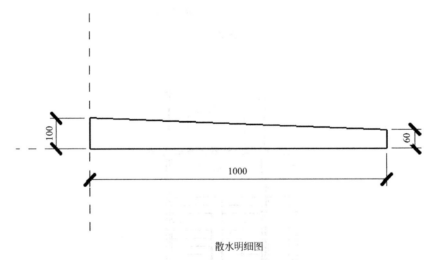

散水明细图

图 3-118

五、任务总结

1.培养学生熟练掌握系统设置、新建 Revit 文件及 Revit 建模环境设置操作。

2.培养学生熟练掌握 Revit 参数化建模的方法。

3.培养学生熟练掌握族的创建与属性的添加。

4.培养学生熟练掌握 Revit 属性定义与编辑的操作。

5.培养学生熟练掌握创建图纸与模型文件管理的能力。

项目4

剪力墙住宅

Chapter 04

任务 1 新建项目

启动 Autodesk Revit 软件，单击软件界面左上角的【文件】按钮，弹出的菜单中依次单击【新建】-【项目】，如图 4-1 所示。项目的样板文件选择【建筑样板】，单击【确定】，如图 4-2 所示。

4.1
新建项目

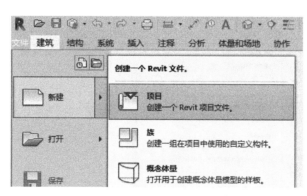

图 4-1

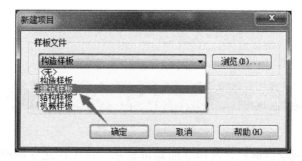

图 4-2

项目创建完成后需要对已创建的项目进行保存，单击软件界面左上角的【文件】按钮，在弹出的下拉菜单中依次单击【另存为】-【项目】，如图 4-3 所示。

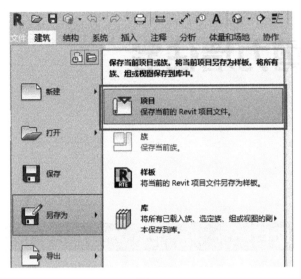

图 4-3

在弹出的对话框右下角单击【选项】按钮，【文件保存选项】对话框中的【最大备份数】即为点击备份文件数量的设置，文件的最低备份数量为 1，如图 4-4 所示。

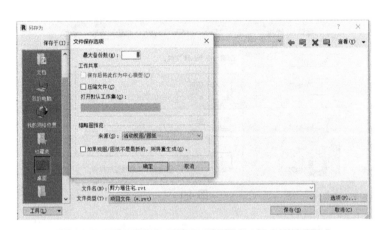

图 4-4

任务 2　创建标高

Revit 中任意立面绘制标高，其他立面均可显示。首先在北立面视图绘制所需要的标高，双击项目浏览器中【立面（建筑立面）】，然后双击【北】进入北立面视图，如图 4-5

所示。系统默认设置两个标高——标高1和标高2。单击【建筑】选项卡中【基准】面板的【标高】命令，在标高1下方绘制一个标高，单击标高文字重新命名为【室外地坪】，然后根据需要修改标高高度，室外地坪高度数值同样与标高文字相同，用鼠标单击后该数字变为可输入，将原有数值修改为【—0.300】m，用同样的方法，将标高1命名为【F1】，标高2命名为【F2】高度修改为【3.000】m，如图4-6所示。

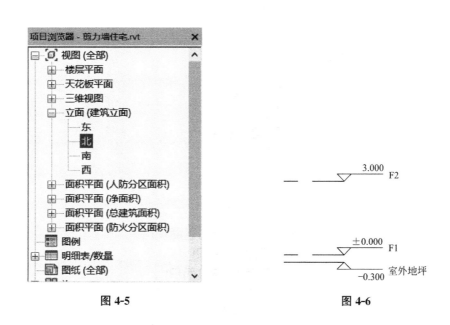

图 4-5　　　　　　　　　　　　　　　　图 4-6

注意：样板文件中默认标高单位修改为"米"，保留"3个小数位"。

由于F2~F11的层高相等为3m，可用【阵列】的方式一次绘制多个间距相等的标高。选择标高【F2】，单击【修改|标高】选项卡中的-【阵列】工具，弹出设置选项栏，取消勾选【成组并关联】，输入项目数为【10】，即生成包含被阵列对象在内的共10个标高。保证正交勾选【约束】选项。如图4-7所示。

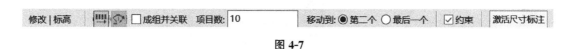

图 4-7

设置完选项栏后，单击标高【F2】，向上移动，键盘输入标高间距【3000】mm，按回车将自动生成标高F3~F11。

【项目浏览器】中的【楼层平面】下的视图，通过复制的标高未生成相应平面视图，如图4-8所示。点击到【视图】选项卡，依次单击【平面视图】-【楼层平面】如图4-9所示，在弹出的【新建楼层平面】对话框中单击第一个标高【F3】，按住键盘上【Shift】键用鼠标单击最后一个标高F11，全选所有标高，如图4-10所示，按【确定】按钮，再次观察【项目浏览器】如图4-11所示，所有复制和阵列生成的标高已创建了相应的平面视图。

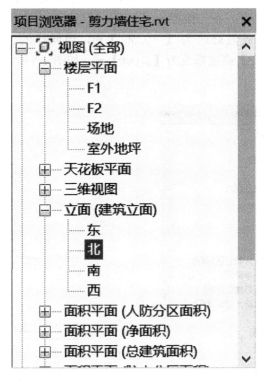

图 4-8

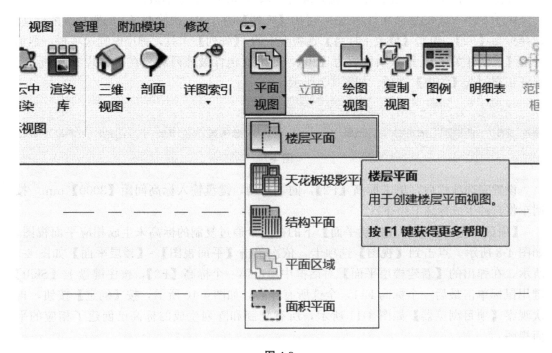

图 4-9

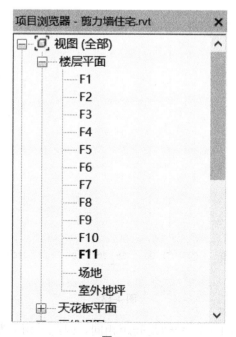

图 4-10

图 4-11

任务 3　创建轴网

4.2
创建轴网

【项目浏览器】中双击【楼层平面】下的【F1】视图，单击【建筑】选项卡【基准】面板里【轴网】工具，移动光标到绘图区域中左下角，单击捕捉一点为起点，从下向上垂直移动光标单击左键捕捉轴线终点，创建第一条垂直轴线，观察轴号为 1。选择 1 号轴线，单击功能区的【复制】命令，在选项栏勾选多重复制选项【多个】和正交约束选项【约束】。如图 4-12 所示。

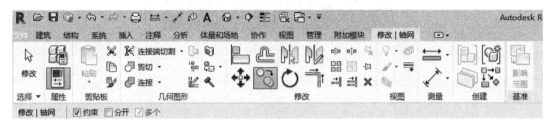

图 4-12

移动光标到 1 号轴线上，单击一点为复制参考点，水平向右移动光标，依次输入间距值 1900mm、2100mm、1100mm、2000mm、3200mm、2400mm、1900mm、2700mm、1900mm、2400mm、3200mm、2000mm、1100mm、2100mm、1900mm，并在输入每个数值后按【Enter】键确认，完成 2～16 号轴线的复制，如图 4-13 所示。

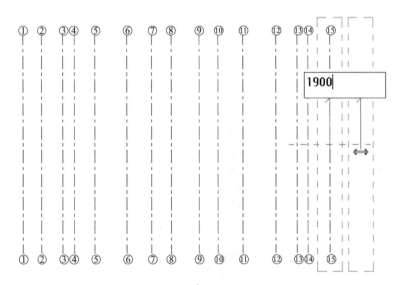

图 4-13

由于 17～31 号轴线与 1～16 号轴线间距相同，因此采用复制的方式快速绘制。从右上角向左下角交叉选择 2～16 号轴线，单击功能区【复制】工具，光标在 1 号轴线上任意位置单击作为复制的参考点，将光标水平向右移动，在 16 号轴上单击完成复制操作，生成 17～31 号轴线，完成如图 4-14 所示。

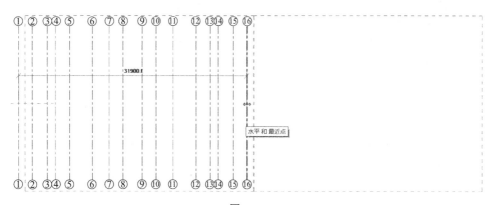

图 4-14

注意：本项目中进行镜像，同样可以生成轴线，但镜像后轴线的顺序将发生颠倒，因为在对多个轴线进行复制或镜像时，Revit 默认以复制源的绘制顺序进行排序，因此绘制轴网时不建议使用镜像的方式。

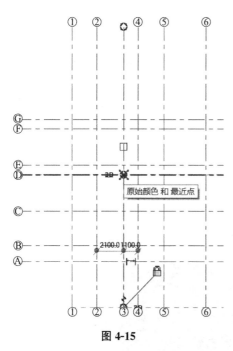

图 4-15

单击【建筑】选项卡-【基准】面板-【轴网】工具，使用同样的方法在轴线下方绘制水平轴线。单击刚创建的水平轴线的标头，标头数字被激活，输入新的标头文字【A】，选择轴线 A，单击选项卡【复制】命令，选项栏勾选【多个】和【约束】，单击轴线 A 捕捉一点为参考点，水平向上移动光标至较远位置，依次在键盘上输入间距值 1160mm、2540mm、2700mm、700mm、2700mm、700mm，完成轴线的复制。

根据轴线所定位对轴线进行调整：选择 3 号轴线，取消勾选上标头下方正方形内的对勾，取消上标头的显示。单击轴线下标头旁边的锁形标记解锁，按住 3 号轴线下标头内侧的空心圆向上拖拽至 D 轴。如图 4-15 所示。

下面为距离近而产生干涉的轴网添加弯头。本例中需要选择 D 号轴线，如图 4-16 所示。单击轴线标头内侧的【添加弯头】符号，偏移 D 号轴线标头，可拖拽夹点修改标头偏移的位置，如图 4-17 所示。使用以上的方法处理轴线标头编辑完成如图 4-18 所示。

框选全部轴线，单击【修改/轴网】选项卡-【基准】面板-【影响范围】工具，在弹出的【影响基准范围】对话框中，单击选择【楼层平面：标高】，按住 Shift 键单击视图名称【楼层平面：场地】，所有楼层及场地平面被选择，单击被选择的视图名称左侧的矩形选框，将勾选所有被选择的视图，单击【确定】按钮完成应用，如图 4-19 所示。打开平面

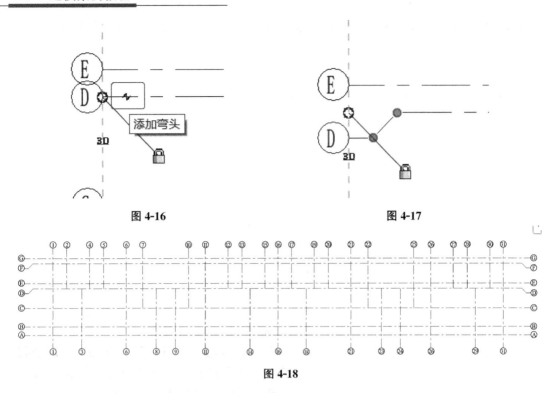

图 4-16   图 4-17

图 4-18

视图【F2】，针对轴线弯头的添加及个别轴头的可见性控制已经传递到 F2 视图。

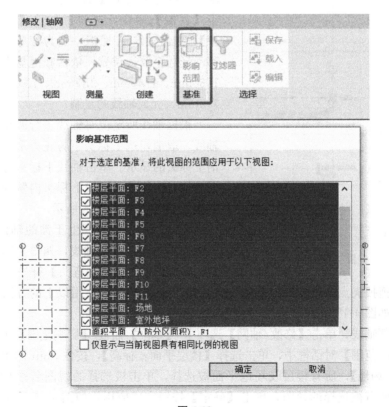

图 4-19

任务 4　创建墙体

【建筑】选项卡-【墙】工具，单击【属性】按钮，在弹出的【属性】对话框中选择墙类型【常规 200】，单击【编辑类型】-【复制】墙体命名【外墙剪力墙 350】-【结构】编辑如图 4-20 所示。

4.3 创建墙体

图 4-20

族：	基本墙
类型：	外墙剪力墙2
厚度总计：	350.0
阻力(R)：	0.0000 (m² · K)/W
热质量：	0.00 kJ/K

样本高度(S)：　6096.0

层　　外部边

	功能	材质	厚度	包络	结构材质
1	面层 1 [4]	砖-灰色	70.0	☑	☐
2	保温层/空气层 [	隔热层/保温	50.0	☑	☐
3	衬底 [2]	水泥砂浆	20.0	☑	☐
4	**核心边界**	**包络上层**	**0.0**		
5	结构 [1]	钢筋混凝土	200.0	☐	☑
6	**核心边界**	**包络下层**	**0.0**		
7	面层 2 [5]	墙漆-白色	10.0	☑	☐

内部边

【插入(I)】　【删除(D)】　【向上(U)】　【向下(O)】

默认包络
插入点(N)：
两者
结束点(E)：
外部

修改垂直结构(仅限于剖面预览中)
【修改(M)】　【合并区域(G)】　【墙饰条(W)】
【指定层(A)】　【拆分区域(L)】　【分隔条(R)】

【<< 预览(P)】　【确定】　【取消】　【帮助(H)】

图 4-20

注意：如果【材质浏览器】中没有所需材料，可进行新建材质：点击【新建并复制材质】按钮-【新建材质】如图 4-21 所示。将新建的材质重命名为所需名称，打开资源浏览器进行搜索，并选定所需材料如图 4-22 所示。

图 4-21

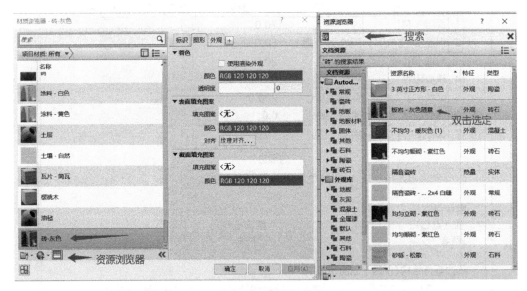

图 4-22

进行墙体绘制前需设置绘图区上部的选项栏，如图 4-23 所示。

图 4-23

（1）单击【高度】，选择【F2】，即墙体高度为当前标高 F1，到设置标高 F2。

（2）修改定位线为【核心层中心线】。

（3）勾选【链】便于墙体的连续绘制。

光标移动至绘图区域，借助轴网交点顺时针绘制墙体，如图 4-24 所示。

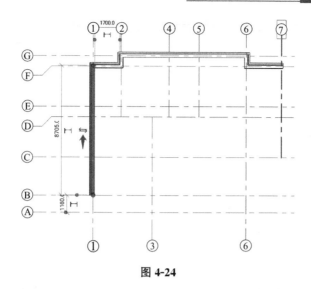

图 4-24

注意：Revit 中的墙体可以设置真实层，墙体的内侧和外侧具有不同的涂层，顺时针绘制保证墙体内部涂层始终向内，选择任意一面墙体，如图 4-24 所示，单击墙体出现的双向箭头点击可翻转面，出现箭头侧为墙体外侧。

同样的方法创建墙：【外墙剪力墙 290】如图 4-25 所示，【内墙剪力墙 200】材质为钢筋混凝土，厚度为 200。【内墙隔墙 200】、材质为加气混凝土，沿轴网顺时针方向开始绘制，如图 4-26 所示。最后创建一个叠层墙，留作后续使用，【建筑】选项卡-【墙】工具，单击【属性】按钮，在弹出的【属性】对话框中选择墙类型【外部 - 砌块勒脚砖墙】，单击【编辑类型】-【复制】墙体命名【外部剪力墙叠层墙】-【结构】编辑如图 4-27 所示。

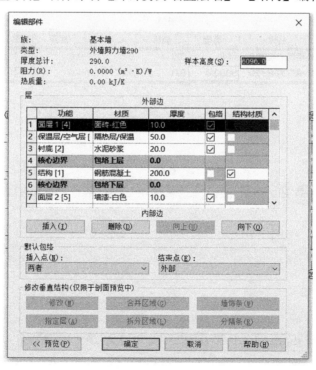

图 4-25

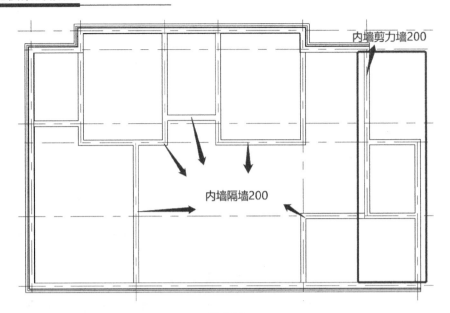

内墙剪力墙200

内墙隔墙200

图 4-26

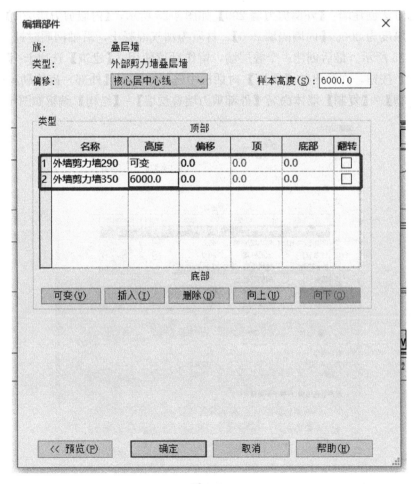

图 4-27

最后调整墙体如图 4-28 所示。

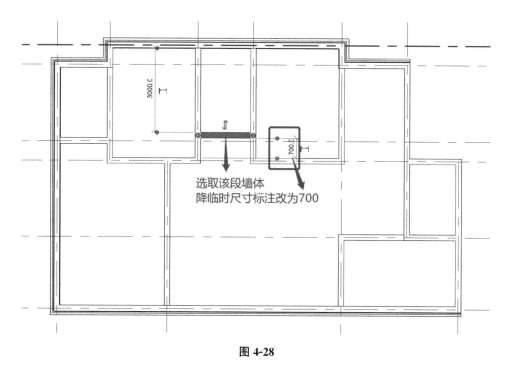

选取该段墙体
降临时尺寸标注改为700

图 4-28

任务 5　创建门、窗

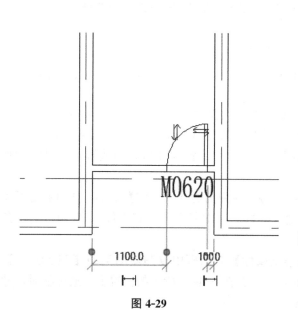

图 4-29

4.4
创建
门、窗

　　单击【建筑选项卡】-【门】工具，Revit 将自动打开【放置门】的选项卡，单击【属性】按钮，从下拉列表中选择门【600mm × 2000mm】，光标移动到绘图区域 E 轴墙体上，出现门的预览，光标移动到墙体上下方，门的开启方向会随着光标改变，本项目中该门向上开启，光标停留在墙体略上位置，按键盘【空格】键会可切换门的左右开启方向，通过光标和【空格】键将门调整到下图中的开启方向，单击放置【600mm × 2000mm】，通过临时尺寸标注修改门据右墙为100mm，如图 4-29 所示。

同样的方法继续放置【600mm×2000mm】到下图中的位置，并调整该门据上方墙体墙面 100mm，如图 4-30 所示。

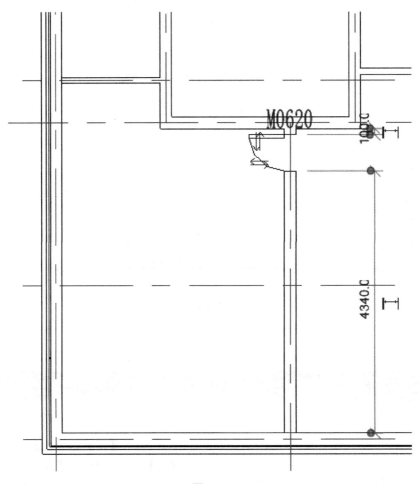

图 4-30

注意：插入门窗时输入快捷键【SM】，自动捕捉中点插入；放置后的门可用双向箭头以及键盘【空格】键调整开启方向。

以【600mm×2000mm】为基础，复制新的门类型【1000mm×2200mm】，复制时将类型标记进行更改如图 4-31 所示，将门宽度设置为 1000mm，并将门的高度设置为 2200mm。将门【1000mm×2200mm】按图 4-32 中的位置及开启方向放置，通过临时尺寸标注，距上侧墙体距离修改为 100mm。

单击【插入】-【从库中载入】-【载入族】，在弹出的【载入族】对话框中选择【所需族】文件夹中的族文件（按键盘上 Ctrl 键可多选，一次载入多个族文件），并单击右下角【打开】按钮，如图 4-33 所示。

以【双扇推拉门】为基础，在其【类型属性】对话框中复制新的类型【TLM1521】，并设置门宽为 1500mm，高度为 2100mm，并放置在图 4-34 所示的位置上，通过临时尺寸标注调整该门距离左右两侧墙面 100mm。

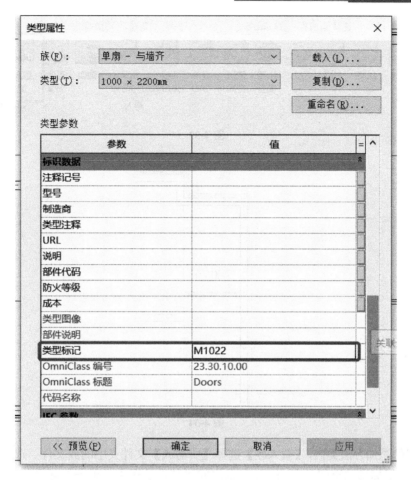

图 4-31

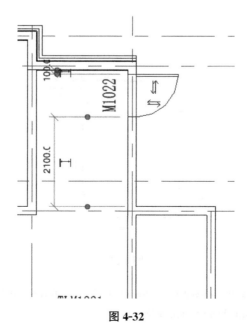

图 4-32

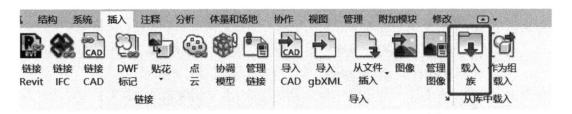

图 4-33

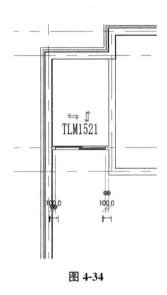

图 4-34

　　窗与门的添加方法类似,【载入族】选择【所需族】文件夹中的族文件,选择【ZHC2+1-1818】将鼠标挪动至图 4-35 中 2、4 轴之间将其自动居中,单击鼠标将其放置。

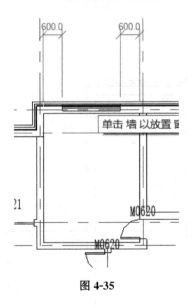

图 4-35

　　注意:一般在插入门窗时挪动鼠标至放置点时,Revit 会自动选取中心放置,如果想要放置其他距离可轻微挪动鼠标调整距离,或者放置后利用临时尺寸标注精准定位。

同样的方法，将其他门窗设置如图 4-36 所示，位置居中即可，具体尺寸信息参考图纸。

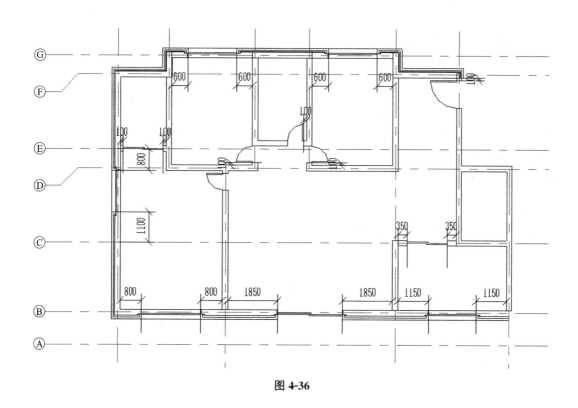

图 4-36

注意：

1. 在平面插入窗，其窗台高为【默认窗台高】参数值。在立面上，可以在任意位置插入窗。在插入窗族时，立面出现绿色虚线时，此时窗台高为【默认窗台高】参数值。

2. 修改窗的实例参数中的【底高度】，实际上也就修改了【窗台高度】，但不会修改类型参数中的【默认窗台高】。修改了类型参数中【默认窗台高】的参数值，只会影响随后再插入的窗户的【窗台高度】，对之前插入的窗户的【窗台高度】并不产生影响。

任务 6　放置家具

【插入】-【从库中载入】-【载入族】-打开【所需族】，选择【家具族】，选择全部族文件，单击【打开】载入族文件，如图 4-37 所示。

【建筑】-【构建】-【构件】，【属性】下拉列表中选择【全自动坐便器-落地式】在图示位置进行放置，相同操作完成淋浴间及梳妆台的放置，完成后如图 4-38 所示。

4.5
放置家具

图 4-37

注意：在项目中如无特殊要求优先选择二维构件，以此降低文件数据量，提高运行速度。本次使用为三维构建，在三维视图中可见。

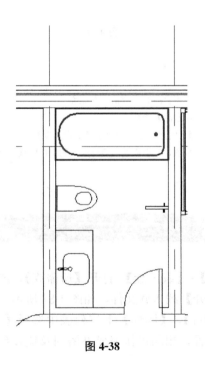

图 4-38

注意：在放置之前，可通过【空格】键调整构件的放置方向。

重复上步操作，完成其他家具的摆放，如图 4-39 所示。

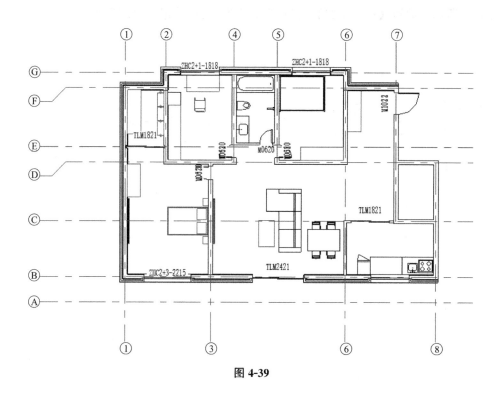

图 4-39

任务 7　阳台设计

以之前设置好的墙体【外墙剪力墙 290】进行绘制阳台墙。

在 F1 平面视图中，选择 A 轴上 3-6 轴如图 4-40 所示绘制，可利用对齐命令进行对齐。

4.6
阳台设计

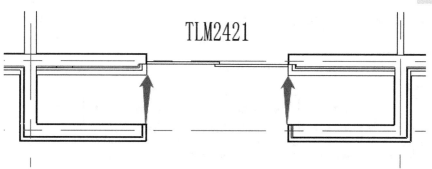

图 4-40

【建筑】-【栏杆扶手】-【编辑类型】，复制并重命名为 1200mm，将顶部扶栏高度设置为 1200mm，编辑【栏杆结构（非连续）】从上至下依次设置为 900、600、300、100，如图 4-41 所示，编辑【栏杆位置】，将对齐更改为中心。如图 4-42 所示。

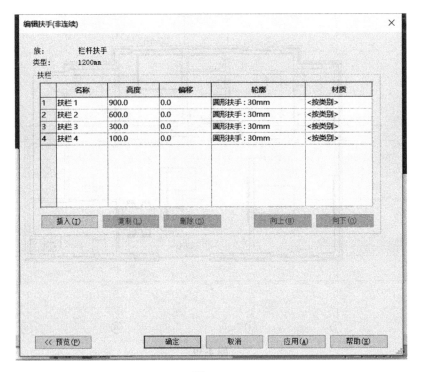

图 4-41

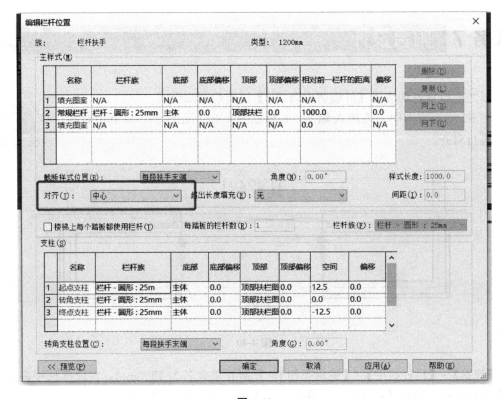

图 4-42

绘制最终样式如图 4-43 所示。

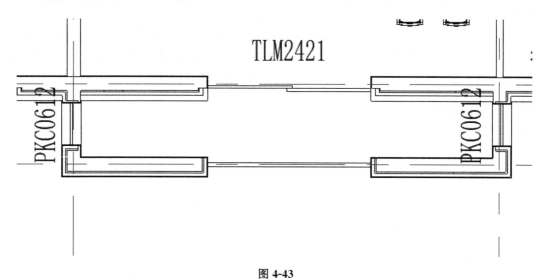

图 4-43

任务 8　标准层设计

在【F1】视图，光标从视图左上方向右下方框选择除了轴网外的所有构件，单击【选择多个】选项卡-【创建】面板-【创建组】工具，在弹出的【创建模型组和附着的详图组】对话框，模型组名称为【户型 A】，详图组名称为【4 户型 A】，单击【确定】，完成组的创建，如图 4-44 所示。

4.7
标准层
设计

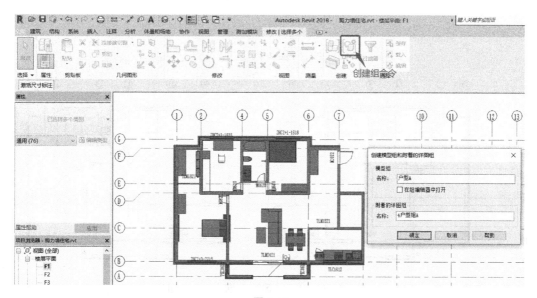

图 4-44

单击【建筑】选项卡-【工作平面】面板-【参照平面】工具如图 4-45 所示，在 8 轴到 9 轴之间绘制一条参照平面，选取该条参照平面，将临时尺寸标注的尺寸界限设置在 8 轴和 9 轴上，设置数值为 1350mm 如图 4-46 所示，然后将光标移动到【户型 A】组上，外围出现矩形虚线时单击【选择组】，单击【修改模型组】选项卡-【修改】面板-【镜像】工具，光标移动到绘图区域，在参照平面上单击，以参照平面为中心镜像组【户型 A】，完成如图 4-47 所示。

图 4-45

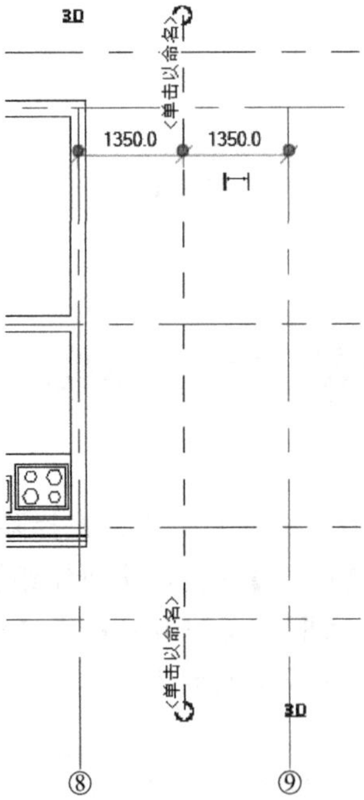

图 4-46

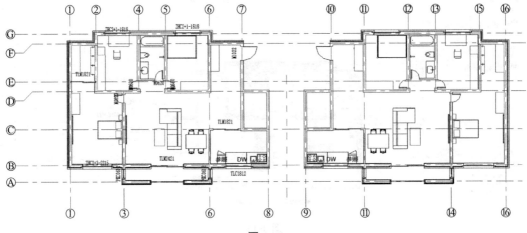

图 4-47

然后将 7～10 轴和 8～9 轴之间用墙体封闭，如图 4-48 所示。

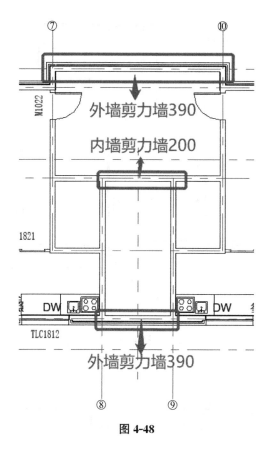

图 4-48

选择现有的两个模型组并且选中刚才绘制的封闭墙体，同样的方法单击【修改模型】选项卡-【修改】面板-【镜像】工具，以 16 轴为中心镜像两个模型组。

注意：右下角将弹出提示，如图 4-49 所示。

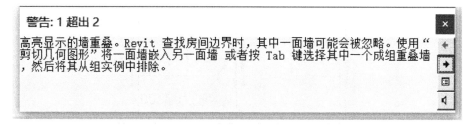

图 4-49

由于镜像组时有墙重叠，发生错误警告，光标移动到 16 轴重叠的墙体上，按 Tab 键帮助选择重叠的墙，单击该墙旁边的【解除组成员】图标如图 4-50 所示，重复以上步骤，将另一面墙体也排除出组外，并重新在 16 轴上绘制墙体【内墙剪力墙 200】，如图 4-51 所示。

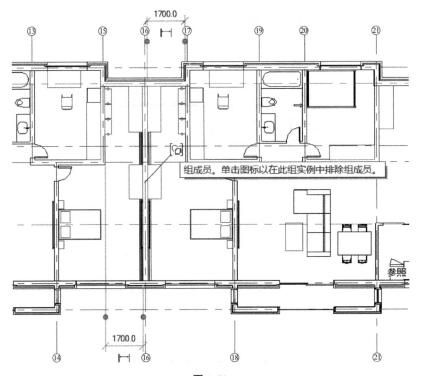

图 4-50

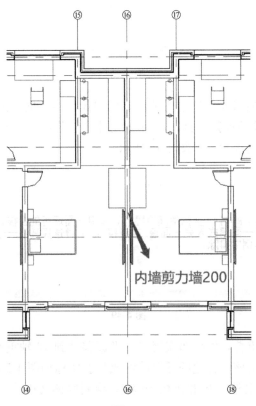

图 4-51

单击【建筑】选项卡-【构建】面板-【墙】工具，在【属性】面板下拉列表中选择墙体【幕墙】，点击【编辑类型】，在打开的【类型属性】中勾选自动嵌入后的选项框，单击确定。然后在选项栏墙体高度中设置为【F2】，在 G 轴上 8-9 轴之间从左向右绘制图 4-52 中的墙体。

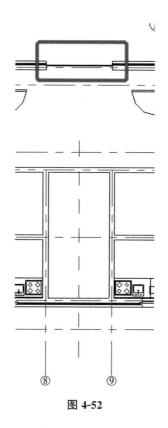

图 4-52

进入【北】立面视图，将视角调整到 8-9 轴，单击【建筑】选项卡-【构建】面板-【幕墙网格】工具如图 4-53 所示，对该面幕墙进行添加网格，利用临时尺寸标注将距离设置纵向两条网格线据边侧 575mm，横向网格线距离上 800mm 如图 4-54 所示。

图 4-53

然后【Tab】选择中间嵌板如图 4-55 所示，对其【编辑类型】-【载入】。

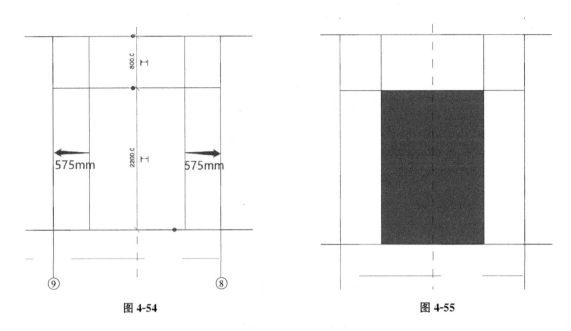

图 4-54　　　　　　　　　　　　　　　　　图 4-55

选取所需族中的【幕墙门嵌板 _ 双开门】如图 4-56 所示。

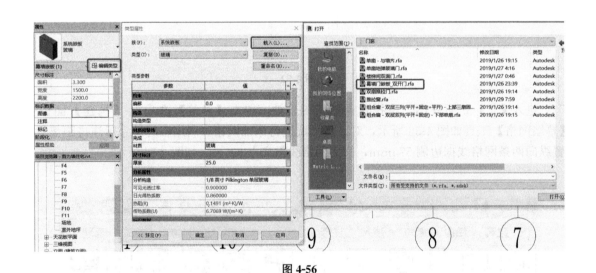

图 4-56

在载入族后打开下拉列表选取【幕墙门嵌板 _ 双开门】，单击确定完成更改，如图 4-57 所示。

重复以上操作完成 23～24 轴间的幕墙。

单击【建筑】选项卡-【构建】面板-【竖梃】工具，对建立好的网格线和边线进行添加竖梃如图 4-58 所示。

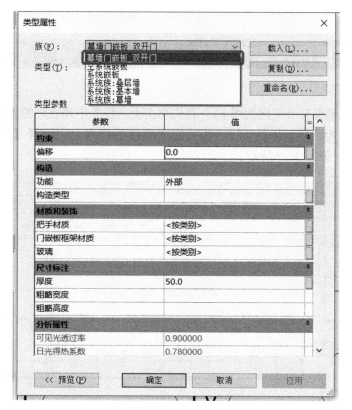

图 4-57

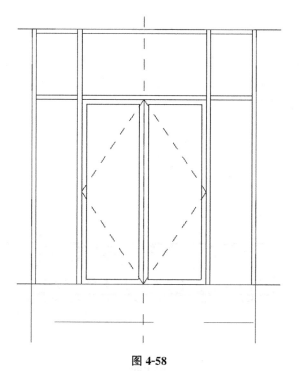

图 4-58

| 任务 9 | 整体搭建 |

4.8 整体搭建

确保打开平面视图 F1，首先单击上一任务中建立好的墙体将其顶部约束设置为：直至标高 F11，然后进入属性下拉列表中选择【外部剪力墙叠层墙】。如图 4-59 所示。

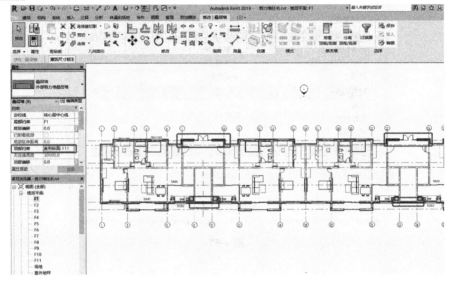

图 4-59

选取墙体及组【户型 A】-单击【修改 | 选择多个】选项卡-的【复制】，然后再单击【粘贴】下拉列表中的【与选定的标高对齐】命令如图 4-60 所示，打开【选定标高】页面选择【F2】～【F10】如图 4-61 所示。

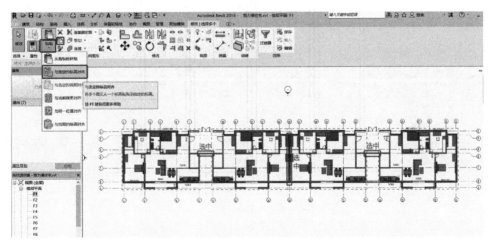

图 4-60

图 4-61

　　进入平面视图【F2】，在【F1】玻璃嵌板门处，绘制一面 2700mm 幕墙，进行添加网格线，网格左右距离均为 900mm，上下距离为 1000mm。之后将网格线添加竖梃，将中间玻璃嵌板更改为如图 4-62 所示，最后【镜像】到另一单元，选取两面幕墙将其【复制】-【粘贴】-【与选定标高对齐】F3～F10。

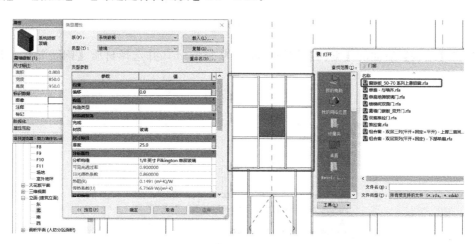

图 4-62

任务 10　创建楼板

　　将楼板分为两个区域：室内区域、室外区域。

　　首先进入【F1】视图，开始绘制室内区楼板：单击【常用】-【构建】-【楼板】，在【属性】对话框中单击【编辑类型】按钮，进入【类型属性】对

4.9
创建楼板

话框，单击【类型】后面的【复制】按钮，在弹出的【名称】对话框中输入新名称【室内区-150mm】，单击确定，如图 4-63 所示。

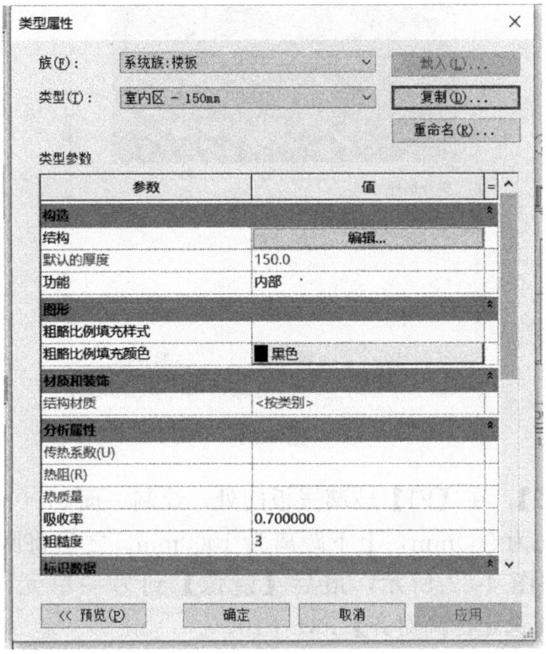

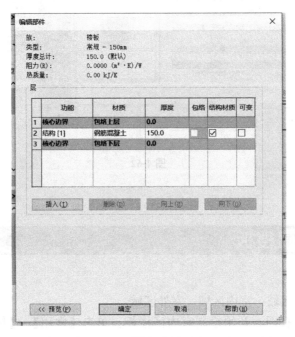

图 4-63

单击【结构】后面的【编辑】按钮，厚度为 150mm，并选择材质【钢筋混凝土】，如图 4-64 所示。

图 4-64

单击【创建楼板边界】选项卡-【绘制】面板-【边界线】的【拾取墙】工具，挪动光标到绘图区域拾取墙体，如图 4-65 所示。

图 4-65

注意：选择拾取生成的边界线，单击出现的双向箭头可切换该线条位置，可将边界线由内、外墙面进行转换。

顺时针拾取墙体，完成封闭的轮廓。多余的线条用修改命令处理，绘制如图 4-66 所示。

图 4-66

注意：楼板轮廓必须为一个或多个闭合轮廓。不同结构形式建筑边界线位置：框架结构的楼板为外墙边；砖混结构为墙中心线；剪力墙结构为墙内边。

以【室内区－150mm】为基础，复制【室外区－150mm】，材质和结构层厚度不变，在绘图区域绘制闭合轮廓，如图 4-67 所示。

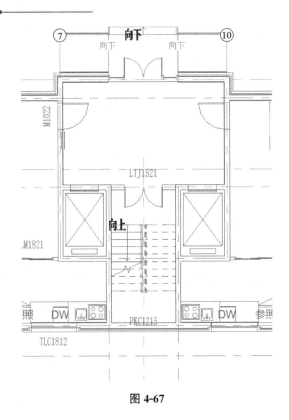

图 4-67

接下来绘制阳台楼板，步骤如上，楼板绘制完成后，利用【镜像】命令，将楼板镜像到另一面，如图 4-68 所示。

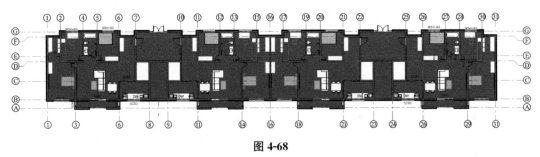

图 4-68

最后选取所有一层的楼板使用前文中所使用的【复制】-【与选定的标高对齐】，粘贴到【F2】～【F10】层中。

任务 11　创建楼梯、电梯构件

4.10
创建楼梯、
电梯构件

进入 F1 开始绘制楼梯。首先在 8～9 轴之间做好参照平面。利用临时尺寸标注设置距离如图 4-69 所示。

单击【建筑】选项卡-【楼梯坡道】面板-【楼梯】命令，进入楼梯的绘制

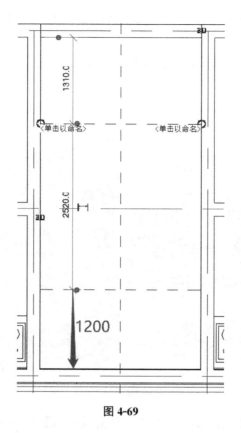

图 4-69

模式，单击【创建楼梯】选项卡-【属性】面板下拉框，设置为【现场浇注楼梯】，并设置【定位线】为【梯边梁外侧：右】；【实际梯段宽度】为【1200】；【所需踢面数】为【20】；【实际踏板深度】为【280】，选取边与方向如图 4-70 所示。

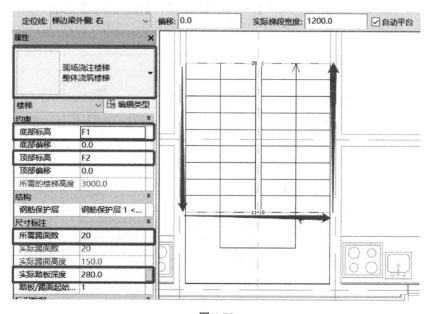

图 4-70

单击【完成编辑模式】按钮，完成楼梯的绘制。进入三维视图中，勾选【属性】-【剖面框】选项框利用剖面框调整视图至楼梯位置，选择外围的扶手，单击【Delete】键，删除靠墙的扶手。完成楼梯的绘制，如图 4-71 所示。

图 4-71

回到平面视图【F1】，添加电梯构件：单击【插入】选项卡-【从库中载入】面板-【载入族】按钮，在弹出的【载入族】对话框中选择【所需族】\【DT_电梯_后配重_多层.rfa】并单击【打开】按钮，完成电梯族的载入。

单击【建筑】选项卡-【构建】面板-【构件】按钮，在【属性】下拉列表选择【DT_电梯_后配重_多层 2200mm×1100mm】，单击【属性】-【编辑属性】按钮，进入【类型属性】对话框，如图 4-72 所示。修改电梯设置：配重偏移＝0、层高＝3000mm、层数＝10。

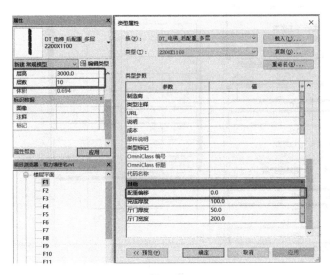

图 4-72

　　光标移动至绘图区域电梯井上方墙面，将自动拾取中心位置，单击放置电梯，如图 4-73 所示。最后在【F1】层电梯井底部绘制楼板，并镜像至另一单元。

　　按 Ctrl 多选刚刚绘制的：楼梯、扶手、电梯等构件，单击【选择多个】选项卡-【修改】面板-【镜像】工具，利用之前做好的参照平面和 16 轴进行镜像. 将两个单元的楼梯和扶手选中，进行【复制】-【与选定的标高对齐】，粘贴到【F2】-【F9】层中。

　　单击【建筑】选项卡-【洞口】面板-【竖井】工具，设置底部偏移为 0，顶部约束直至 F10。如图 4-74 所示进行绘制。最后将竖井镜像至另一单元。

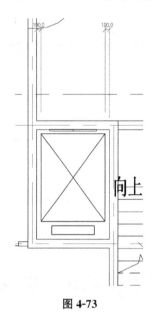
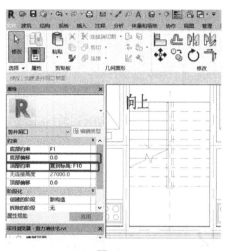

图 4-73　　　　　　　　　　　　　　　　图 4-74

　　进入楼层平面【F10】，进行编辑扶手将顶层扶手绘制延伸至墙内如图 4-75 所示。另一单元同上。

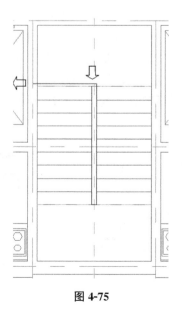

图 4-75

　　回到楼层平面【F1】，放置楼梯间门、窗，选取前面导入的【楼梯间双面门】族，如图 4-76 所示放置，选取【梯间推拉窗】，底部标高设置为 2000 按图 4-77 所示放置，之后选取门和窗【镜像】至另一单元楼梯间，最后选取楼梯间门进行【复制】-【粘贴】-【与选定标高对齐】F2～F10。将窗粘贴到 F2～F9。

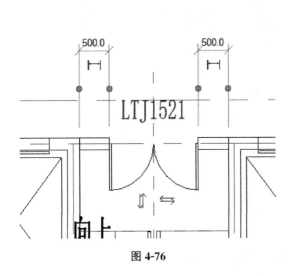

图 4-76

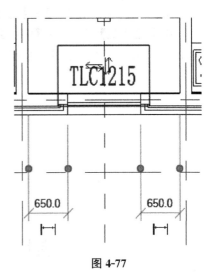

图 4-77

任务 12　创建入口

4.11
创建入口

　　单击【建筑】选项卡—【构建】面板—【楼板】工具，复制并命名【坡道楼板】，编辑其结构为 300mm 厚混凝土，绘制 1800mm×2700mm 闭合轮廓线，如图 4-78 所示，底部约束为【F1】，完成绘制。

　　添加室外楼梯，首先进入楼层平面【室外地坪】，单击【建筑】选项卡—【构建】面板—【楼梯】工具，底部标高设置为【室外地坪】，顶部标高设置为【F1】，单击确定，所需踢面数设置为 2，做一条距离楼板 280mm 的参照平面，之后在以参照平面为起点，绘制楼梯然后调整其宽度如图 4-79 所示，单击完成后删掉栏杆扶手。

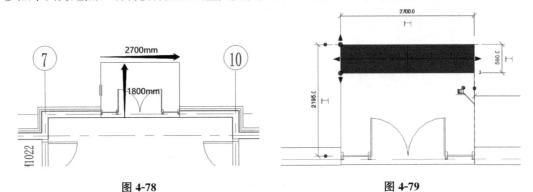

图 4-78

图 4-79

单击【建筑】选项卡—【楼梯坡道】面板—【坡道】工具，进入坡道的绘制界面，单击【编辑类型】，修改【类型属性】中坡道最大坡度为1，造型为实体，确定完成后，修改【实例属性】中基准标高为室外地坪，顶部标高为F1，设置其宽度为1460mm，单击【应用】完成设置，绘制梯段，单击【完成编辑模式】完成绘制，然后移动调整位置如图4-80所示。

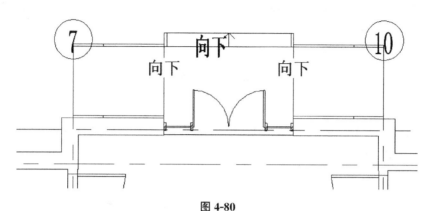

图 4-80

然后选择楼板、楼梯、坡道，利用【镜像】至另一单元门前。

任务 13 屋顶设计

打开【F11】平面视图，【属性】面板—【基线】底部标高为【F10】，如图4-81所示。

单击【建筑】选项卡—【构建】面板—【屋顶】，进入屋顶轮廓的绘制界面，然后在【绘制】栏中选择【拾取墙】命令。取消勾选【定义坡度】，

4.12
屋顶设计

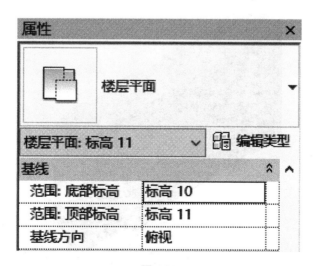

图 4-81

顺次选择外墙的外边界，完成后，通过【对齐外墙边缘】及【修剪】命令最终得到屋顶的闭合轮廓。最后在【模式】面板单击【完成编辑模式】，如图 4-82 所示。

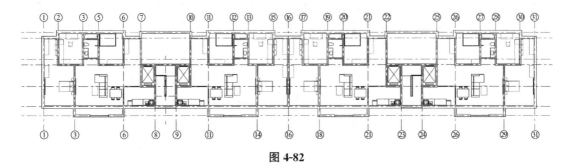

图 4-82

注意：如将屋顶勾选【定义坡度】则会出现坡度屋顶，如果取消勾选【定义坡度】，则屋顶是平的。

整体模型如图 4-83 所示。

图 4-83

项目4 工作页 🔍

一、学习目标

1.掌握 Revit 建模软件的基本概念和基本操作（建模环境设置，标高及轴网绘制、命令与数据的输入等）。

2.掌握样板文件的创建（参数、族、视图设置等）。

3.掌握 Revit 参数化建模过程及基本方法：基本模型元素的定义和创建基本模型元素及其类型。

4.掌握 Revit 参数化建模方法及操作：包括基本建筑形体；墙体、门窗、楼板、屋顶、楼梯等基本建筑构件。

5.掌握 Revit 实体编辑及操作：包括移动、拷贝、阵列、镜像、删除及分组等。

6.掌握模型的族实例编辑：包括修改族类型的参数，属性，添加族实例属性等。

7.掌握创建 Revit 属性明细表及操作：从模型属性中提取相关信息，以表格的形式进行显示，包括门窗、构件及材料统计表等。

二、任务情境（任务描述）

1.以剪力墙住宅建筑为例创建建模模型。

2.设置建模环境设置，项目设置、创建标高及轴网。

3.创建墙体、门窗、屋顶、楼梯等基本建筑构件。

4.创建模型中所需的族类型参数，属性，添加族实例属性等。

5.创建 Revit 属性明细表，包括门窗、构件及材料统计表等。

三、任务分析

1.熟悉系统设置、新建 Revit 文件及 Revit 建模环境设置。

2.熟悉建筑方案设计 Revit 建模，包括建筑方案造型的参数化建模和 Revit 属性定义及编辑。

3.熟悉建筑方案设计的表现，包括模型材质及纹理处理。

4.熟悉建筑施工图绘制与创建。

四、任务实施

根据以下要求和给出的图纸，创建模型。

（1）Revit 参数化建模

1）根据给出的图纸创建标高、轴网、墙、门窗、幕墙、楼板、楼梯、屋顶。其中，要求门窗尺寸、位置、标记名称正确。未标明尺寸的样式不做要求。

2）墙体尺寸：外剪力墙 220mm：外面层涂料黄色 10mm 厚，结构层混凝土 200mm 厚，内面层涂料白色。内剪力墙 220mm：外面层涂料白色 10mm 厚，结构层混凝土 200mm 厚，内面层涂料白色。内隔墙 120mm：外面层涂料白色 10mm 厚，结构层混凝土 100mm 厚，内面层涂料白色。

3）门窗尺寸见表 4-1。

4）放置家具。根据平面图，布置位置参考图中取适当位置即可（图 4-84～图 4-94）。

（2）创建门窗表，要求包含类型标记、宽度、高度。

（3）模型文件管理

用"八层住宅楼"为项目文件命名，并保存项目。

表 4-1

窗明细表		
类型标记	宽度	高度
C0609	600	900
C1215	1200	1500
C1218	1200	1800
门明细表		
类型标记	宽度	高度
M0721	700	2100
M0921	900	2100

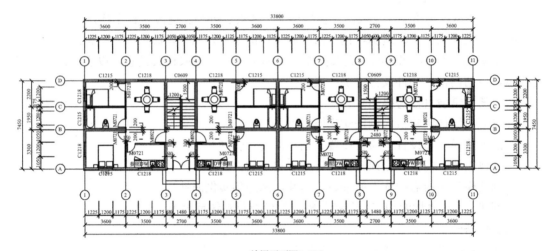

首层平面图1:100

图 4-84

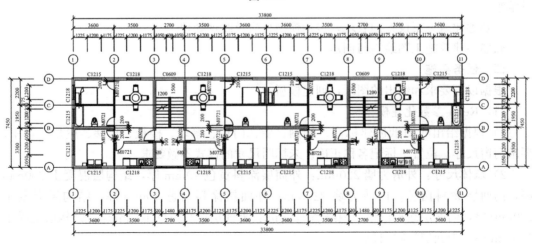

标准层平面图1:100

图 4-85

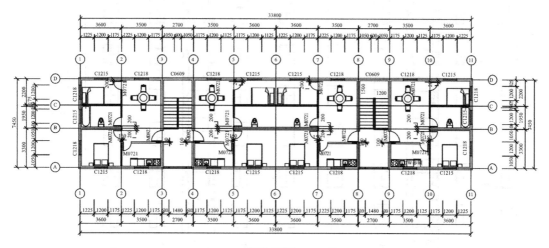

顶层平面图1:100

图 4-86

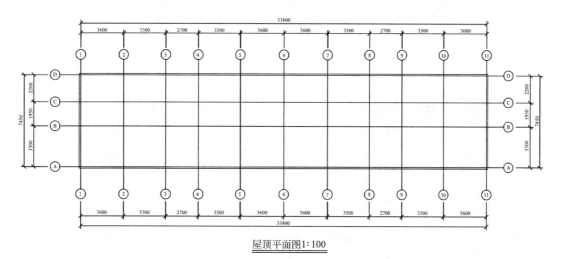

屋顶平面图1:100

图 4-87

五、任务总结

1. 培养学生熟练掌握系统设置、新建 Revit 文件及 Revit 建模环境设置操作。

2. 培养学生熟练掌握 Revit 参数化建模的方法。

3. 培养学生熟练掌握族的属性的添加。

4. 培养学生熟练掌握 Revit 属性定义与编辑的操作。

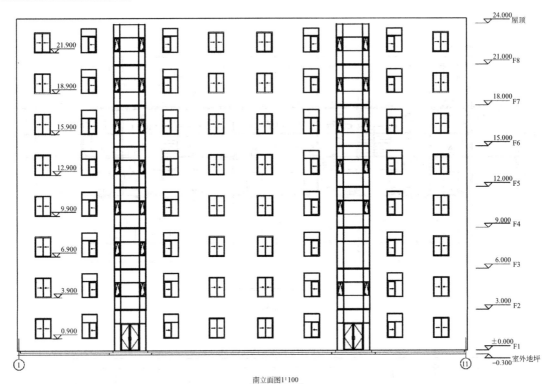

南立面图1:100

图 4-88

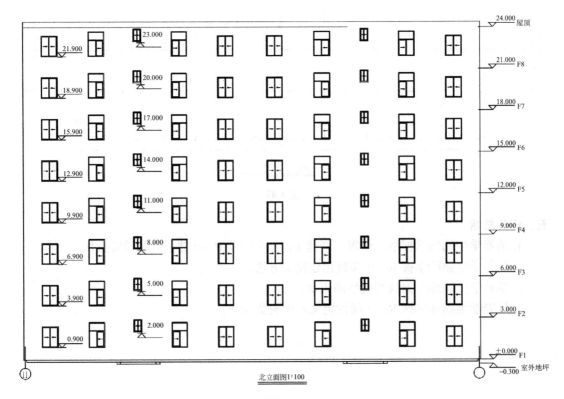

北立面图1:100

图 4-89

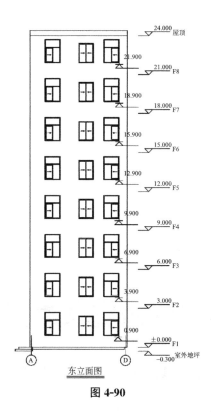

图 4-90

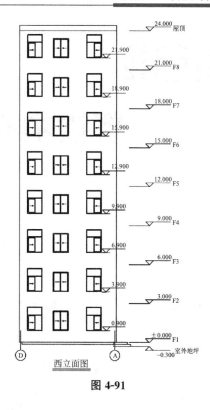

图 4-91

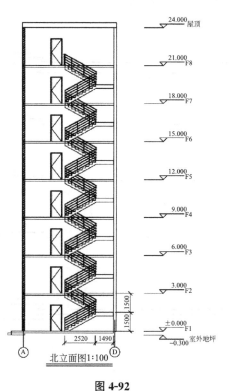

图 4-92

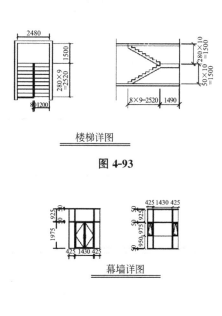

楼梯详图

图 4-93

幕墙详图

图 4-94

项目5 Chapter 05

餐饮中心

任务 1 创建标高

5.1
创建标高

选择【建筑】选项卡中【基准】面板的【标高】命令，任意打开一个立面图，根据图纸进标高的绘制。

在绘制标高的同时修改标高的属性，如图 5-1 所示。

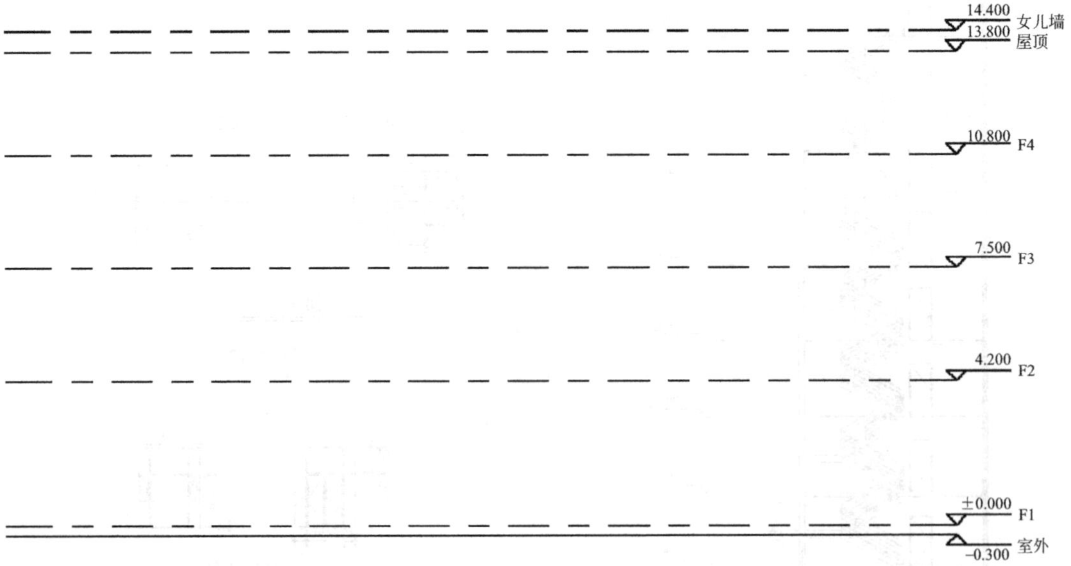

14.400
女儿墙
13.800
屋顶
10.800
F4
7.500
F3
4.200
F2
±0.000
F1
-0.300
室外

图 5-1

任务 2　创建轴网

5.2
创建轴网

打开【楼层平面 F1】，进行轴网的绘制。如图 5-2 所示。

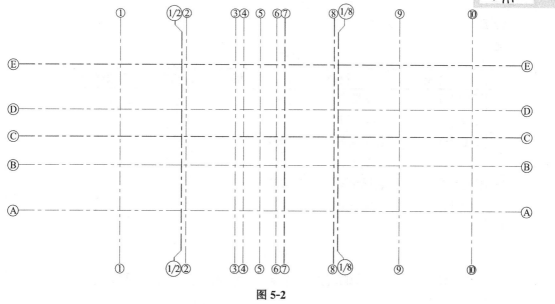

图 5-2

任务 3　创建外墙

5.3
创建外墙

选择【建筑】选项卡【构建】面板中的【墙】命令。单击【属性】面板中的【编辑类型】选项后，进行外墙的创建。

首先复制创建【外墙】如图 5-3 所示。

类型属性　　　　　　　　　　　　　　　　　　　　✕

族(F)：　　系统族:基本墙　　　　　　　∨　　　载入(L)...

类型(T)：　　外墙　　　　　　　　　　∨　　　复制(D)...

重命名(R)...

图 5-3

开始编辑墙的结构。如图 5-4 所示。

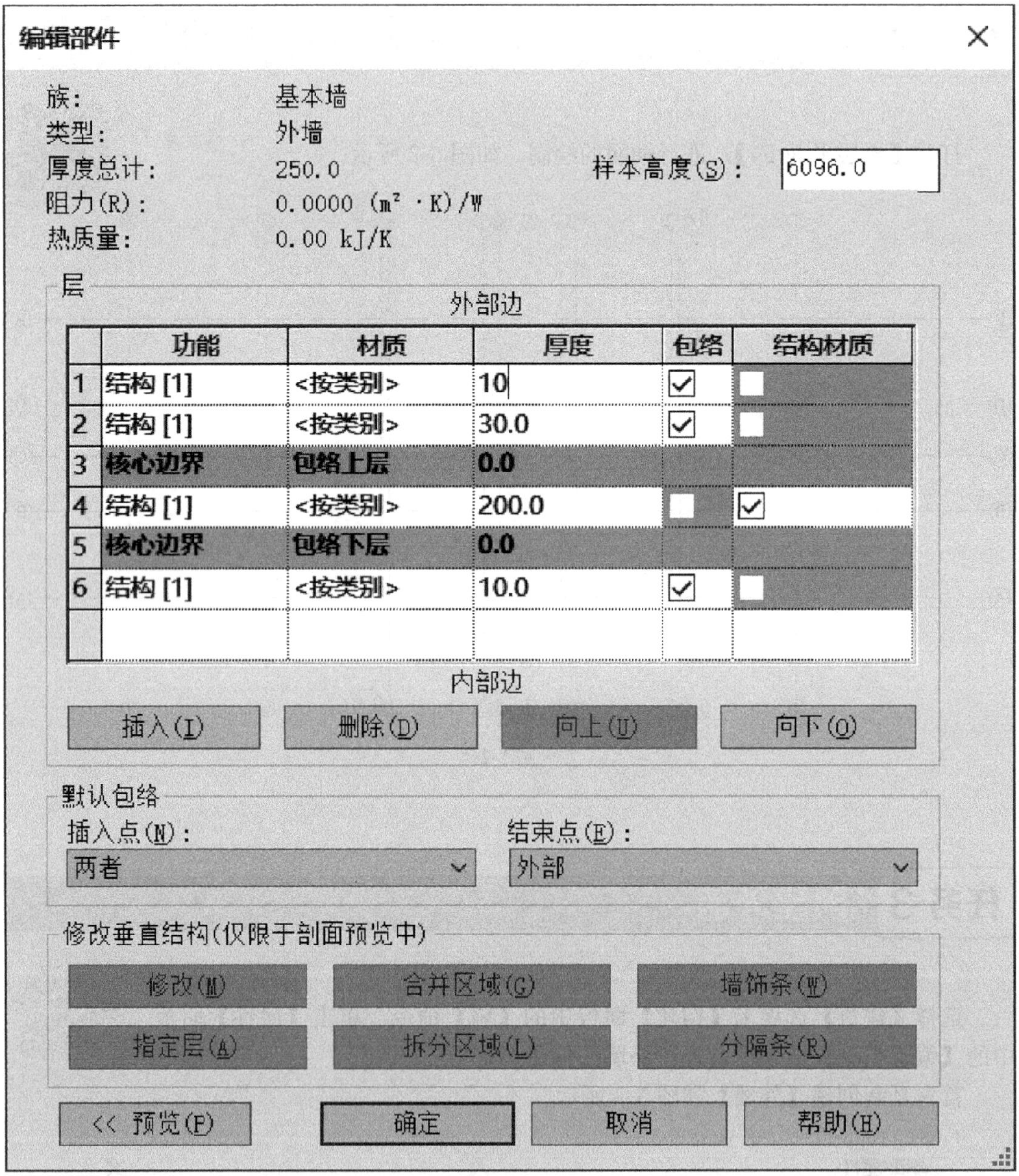

编辑部件						✕

族：　　　　　基本墙
类型：　　　　外墙
厚度总计：　　250.0　　　　　　　　　样本高度(S)：　6096.0
阻力(R)：　　0.0000 (m²·K)/W
热质量：　　　0.00 kJ/K

层　　　　　　　　　　　　　外部边

	功能	材质	厚度	包络	结构材质
1	结构 [1]	<按类别>	10	☑	☐
2	结构 [1]	<按类别>	30.0	☑	☐
3	**核心边界**	**包络上层**	**0.0**		
4	结构 [1]	<按类别>	200.0	☐	☑
5	**核心边界**	**包络下层**	**0.0**		
6	结构 [1]	<按类别>	10.0	☑	☐

内部边

插入(I)	删除(D)	向上(U)	向下(O)

默认包络
插入点(N)：　　　　　　　　　　　结束点(E)：
两者　　　　　　　∨　　　　　　　外部　　　　　　　∨

修改垂直结构(仅限于剖面预览中)

修改(M)	合并区域(G)	墙饰条(W)
指定层(A)	拆分区域(L)	分隔条(R)

<< 预览(P)	确定	取消	帮助(H)

图 5-4

如果【材质浏览器】中没有所需的材料，可创建所需的材料，具体步骤如下：

1.先创建一个材料，如图 5-5 所示。

2.创建新材质后修改名称为所需要的材料名称。如图 5-6 所示。

3.打开位于下方的【材质库】，开始替换所需材料。如图 5-7 所示。

4.出现【材质库】，根据需要材料的分类或搜索材料名称，找到材料。如图 5-8 所示。

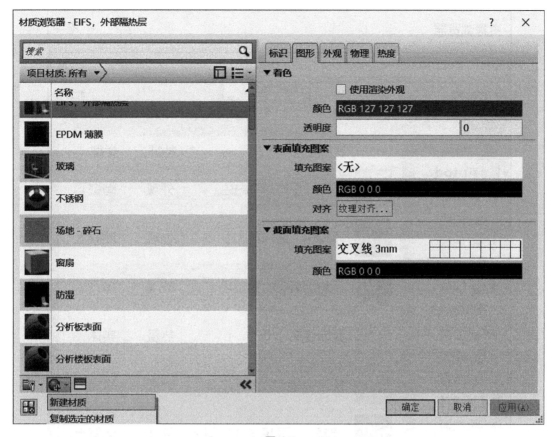

图 5-5

图 5-6　　　　　　　　　　　　　　　　　　　图 5-7

5. 找到材料后，左键双击所需材质，将材料的属性添加到刚刚复制创建的材料中。如图 5-9 所示。

6. 关闭【材质库】，查看新建的材料属性。如图 5-10 所示。

7. 如果想让模型的外观更加的真实，可以勾选【使用外观渲染】。如图 5-11 所示。

根据以上步骤，开始创建外墙的所有材质，如图 5-12 所示。

创建之后开始绘制一层的外墙，如图 5-13 所示。

单击绘图区域左下角的【详细程度】图标，有三个图标：【粗略】【中等】【精细】。选择详细程度可改变面层的显示。在粗略的显示下的墙体。没有显示出墙体的颜色与面层。选择视觉样式可以选择墙体的颜色。如图 5-14 所示。

修改之后可变为如图 5-15 显示。

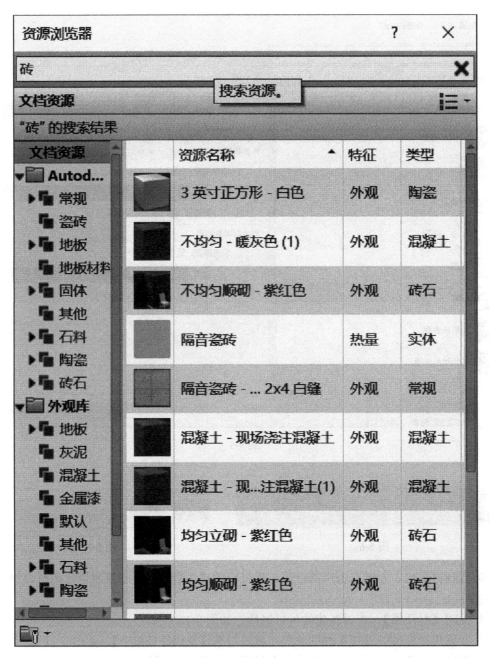

图 5-8

图 5-9

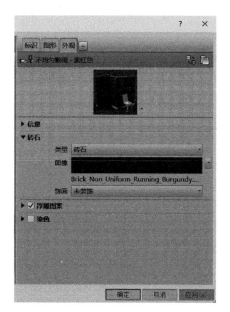

图 5-10

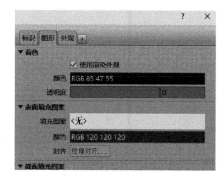

图 5-11

编辑部件

族: 基本墙
类型: 外墙
厚度总计: 250.0   样本高度(S): 6096.0
阻力(R): 0.1538 (m²·K)/W
热质量: 28.09 kJ/K

层

外部边

	功能	材质	厚度	包络	结构材质
1	面层 1 [4]	饰面砖	10.0	☑	☐
2	保温层/空气层 [	隔热层/保温	30.0	☑	☐
3	**核心边界**	**包络上层**	**0.0**		
4	结构 [1]	混凝土砌块	200.0	☐	☑
5	**核心边界**	**包络下层**	**0.0**		
6	面层 2 [5]	水泥砂浆	10.0	☑	☐

内部边

插入(I)	删除(D)	向上(U)	向下(O)

默认包络
插入点(N):   结束点(E):
两者   外部

修改垂直结构(仅限于剖面预览中)

修改(M)	合并区域(G)	墙饰条(W)
指定层(A)	拆分区域(L)	分隔条(R)

<< 预览(P)	确定	取消	帮助(H)

图 5-12

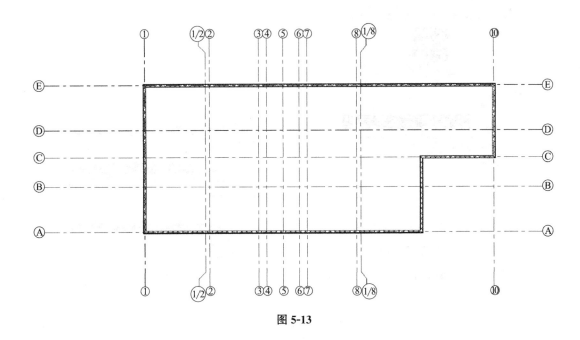

图 5-13

图 5-14

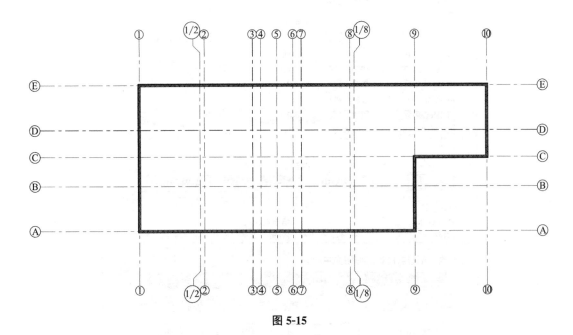

图 5-15

任务 **4**　创建内墙

在【建筑】选项卡【构建】面板中选择【墙】命令，复制创建名为【内墙】，如图 5-16 所示。

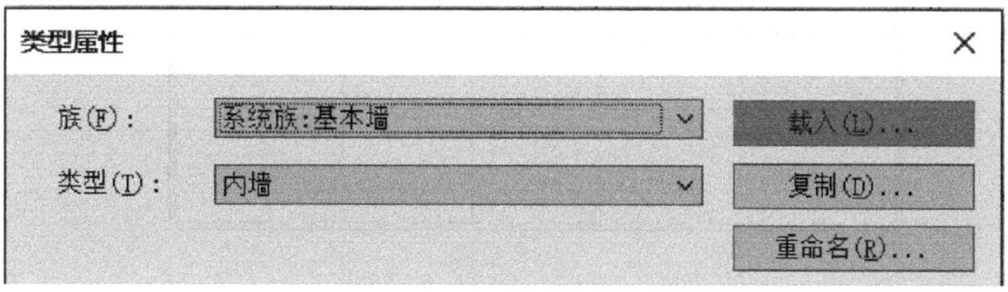

图 5-16

编辑内墙的结构，如图 5-17 所示。

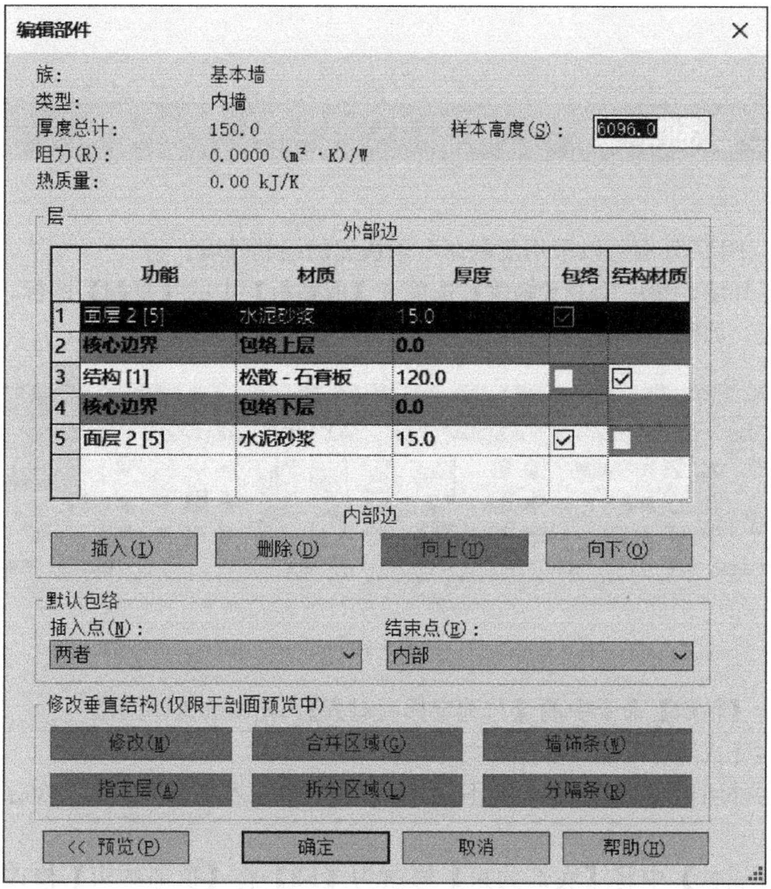

图 5-17

开始绘制一层内墙。绘制完成后如图 5-18 所示。

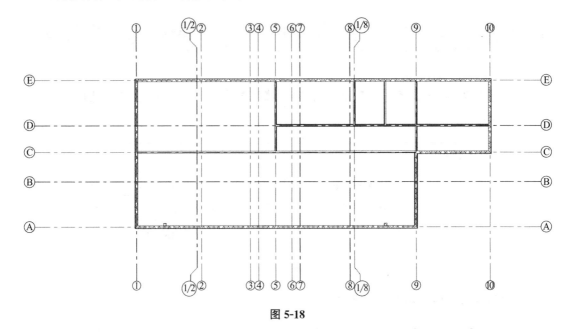

图 5-18

任务 5 复制墙体

F2、F3、F4 的外墙可以采用复制命令来快速的绘制外墙。

首先选择外墙，然后单击【修改】选项卡【剪贴板】中的【复制】图标，将所选外墙复制到剪贴板，如图 5-19 所示。

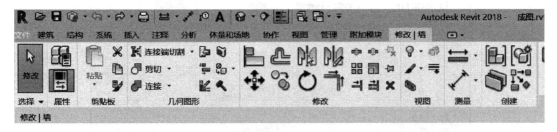

图 5-19

然后单击【粘贴】命令中的【与选定标高对齐】，如图 5-20 所示。

复制创建完成所有外墙，如图 5-21 所示。

因为每层外墙位置相同而高度不同，所以单击进入平面图 F2，然后选择外墙如图 5-22 所示。

在左侧【属性】中将【底部约束】修改为【F2】将【顶部约束】修改为【F3】将【底部偏移】和【顶部偏移】都修改为【0】，如图 5-23 所示。

图 5-20

图 5-21

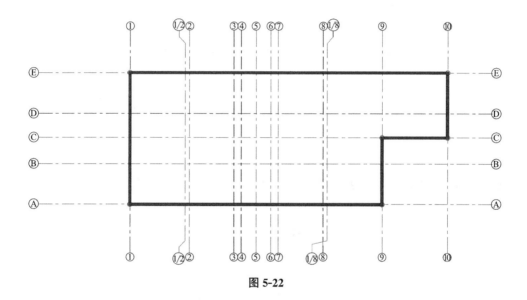

图 5-22

图 5-23

创建 F3、F4 的外墙，可以参考 F2。女儿墙采用外墙绘制，方法同 F2。

创建 F2 的内墙，创建后如图 5-24 所示。

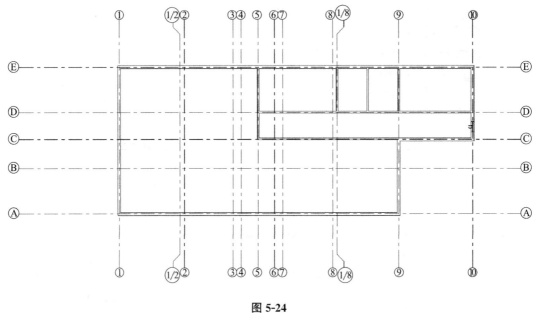

图 5-24

创建 F3、F4 的内墙，创建后如图 5-25 所示。

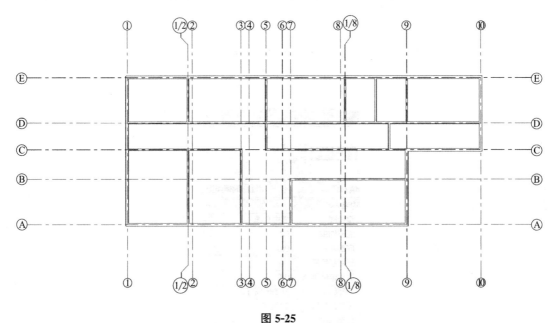

图 5-25

任务6 创建楼板

首先来进行一层楼板的创建。选择【楼板】命令，创建楼板如图 5-26 所示。

然后创建楼板材质，如图 5-27 所示。

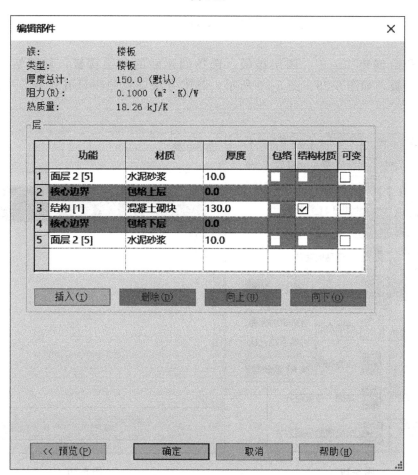

类型属性

族(F)：	系统族:楼板	载入(L)…
类型(T)：	楼板	复制(D)…
		重命名(R)…

图 5-26

编辑部件

族：　　　　楼板
类型：　　　楼板
厚度总计：　150.0（默认）
阻力(R)：　　0.1000（㎡·K）/W
热质量：　　18.26 kJ/K

层

	功能	材质	厚度	包络	结构材质	可变
1	面层 2 [5]	水泥砂浆	10.0	☐	☐	☐
2	**核心边界**	**包络上层**	**0.0**			
3	结构 [1]	混凝土砌块	130.0	☐	☑	☐
4	**核心边界**	**包络下层**	**0.0**			
5	面层 2 [5]	水泥砂浆	10.0	☐	☐	☐

| 插入(I) | 删除(D) | 向上(U) | 向下(O) |

| << 预览(P) | 确定 | 取消 | 帮助(H) |

图 5-27

然后边界线选择【拾取墙】，创建楼板，如图 5-28 所示。

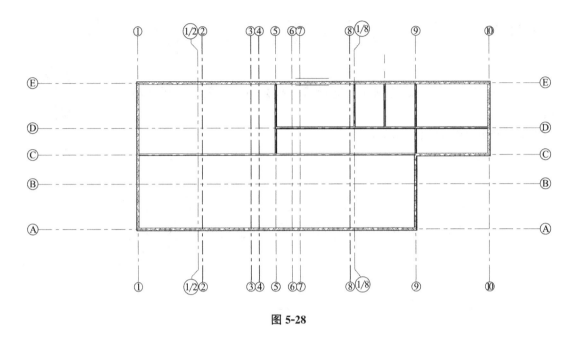

图 5-28

下面开始创建二、三、四层楼板。选择创建好的一层楼板，复制粘贴创建二、三、四层楼板，如图 5-29、图 5-30 所示。具体方法请参照项目五任务 5 中创建复制墙的章节。

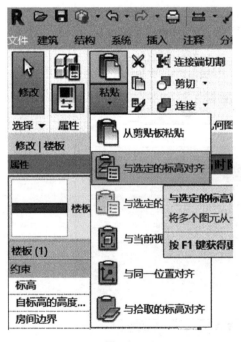

图 5-29

图 5-30

任务 7　创建屋顶

在【建筑】选项卡【构建】面板中选择【屋顶】，复制创建【屋顶】，如图 5-31 所示。

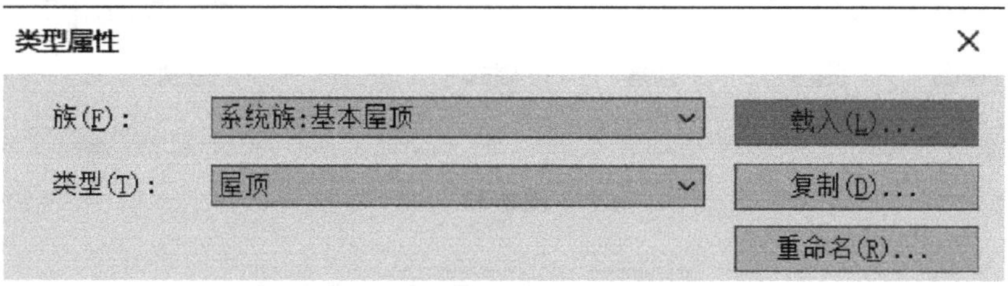

类型属性		✕
族(F)：	系统族:基本屋顶 ⌄	载入(L)...
类型(T)：	屋顶 ⌄	复制(D)...
		重命名(R)...

图 5-31

在【编辑】中编辑屋顶的结构，如图 5-32 所示。

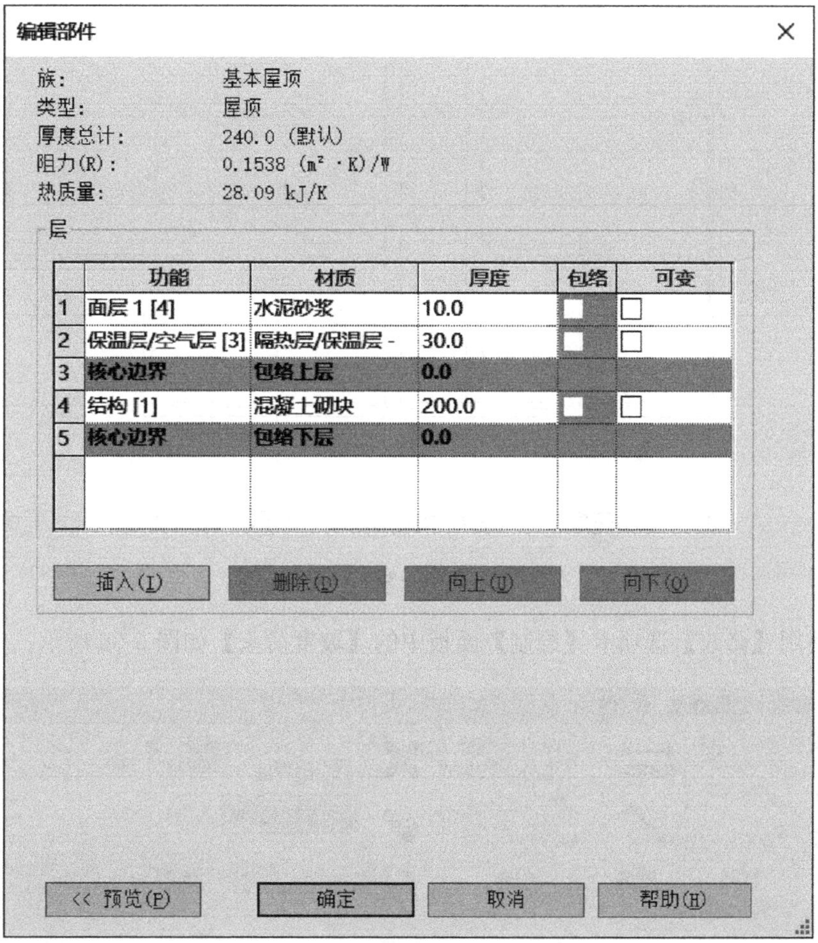

编辑部件	✕
族：	基本屋顶
类型：	屋顶
厚度总计：	240.0（默认）
阻力(R)：	0.1538（m²·K)/W
热质量：	28.09 kJ/K

层

	功能	材质	厚度	包络	可变
1	面层 1 [4]	水泥砂浆	10.0	☐	☐
2	保温层/空气层 [3]	隔热层/保温层 -	30.0	☐	☐
3	**核心边界**	**包络上层**	**0.0**		
4	结构 [1]	混凝土砌块	200.0	☐	☐
5	**核心边界**	**包络下层**	**0.0**		

插入(I)	删除(D)	向上(U)	向下(O)

<< 预览(P)	确定	取消	帮助(H)

图 5-32

开始绘制屋顶，选择【修改】选项卡【绘制】面板中的【拾取线】，并将【偏移】修改为 500 拾取轴线。如图 5-33～图 5-35 所示。

图 5-33

图 5-34

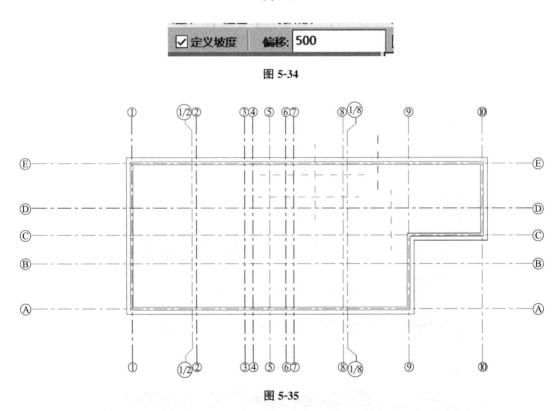

图 5-35

接着使用【修改】选项卡【绘制】面板中的【坡度箭头】如图 5-36 所示。

图 5-36

开始设置屋面的坡度，如图 5-37 所示。

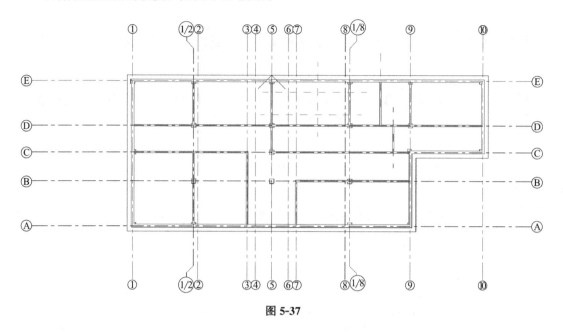

图 5-37

在【属性】面板中修改【限制条件】中指定为【坡度】，尺寸标注中【坡度】为 1%，如图 5-38 所示。

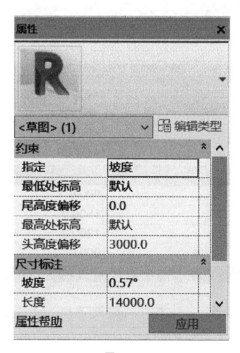

图 5-38

任务8 创建门窗

5.5
创建门窗1

5.6
创建门窗2

在【建筑】选项卡【构建】面板中选择【窗】，复制创建窗为【C1】并修改宽度为 900mm，高度为 1200mm 如图 5-39 所示。

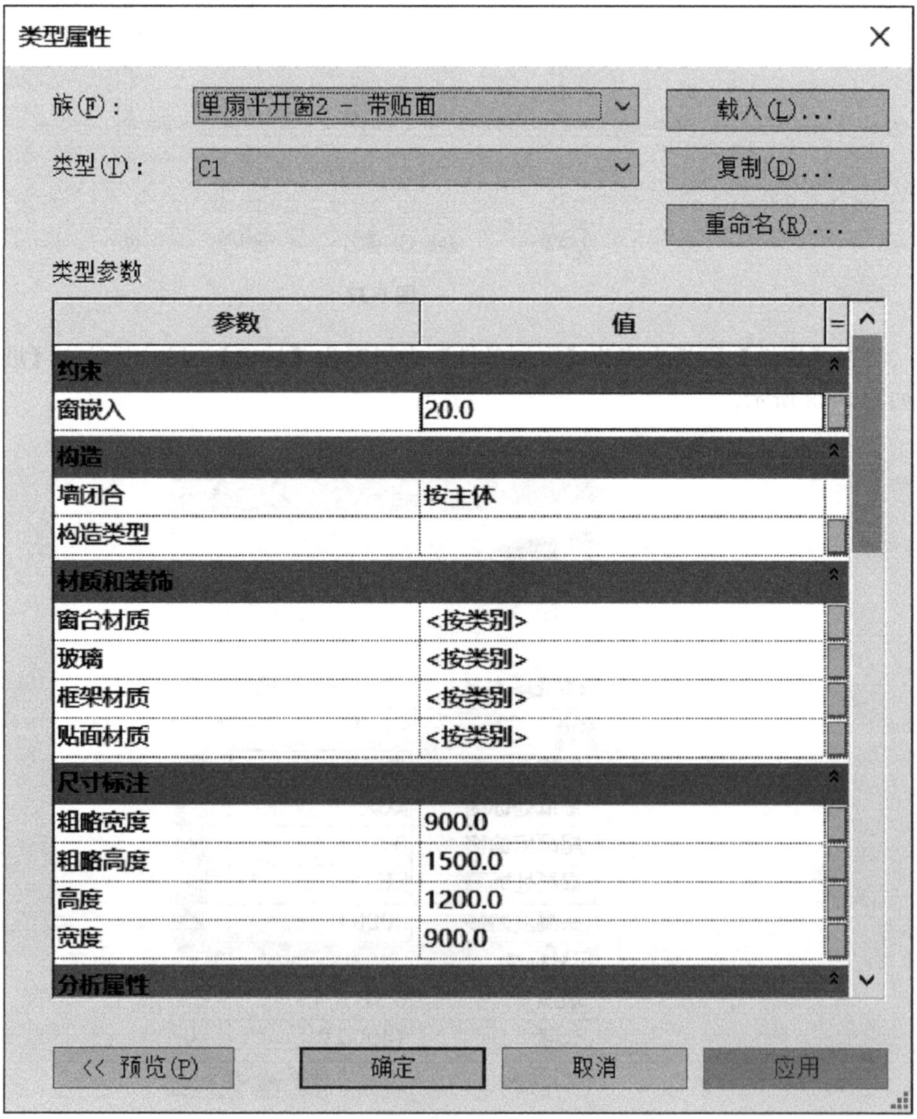

类型属性　　　　　　　　　　　　　　　　　　　　　×

族(F)：	单扇平开窗2 - 带贴面 ∨	载入(L)...
类型(T)：	C1 ∨	复制(D)...
		重命名(R)...

类型参数

参数	值	=
约束		
窗嵌入	20.0	
构造		
墙闭合	按主体	
构造类型		
材质和装饰		
窗台材质	<按类别>	
玻璃	<按类别>	
框架材质	<按类别>	
贴面材质	<按类别>	
尺寸标注		
粗略宽度	900.0	
粗略高度	1500.0	
高度	1200.0	
宽度	900.0	
分析属性		

| << 预览(P) | 确定 | 取消 | 应用 |

图 5-39

在【建筑】选项卡【构建】面板中选择【窗】，复制创建窗为【C2】并修改宽度为900mm，高度为900mm，如图5-40所示。

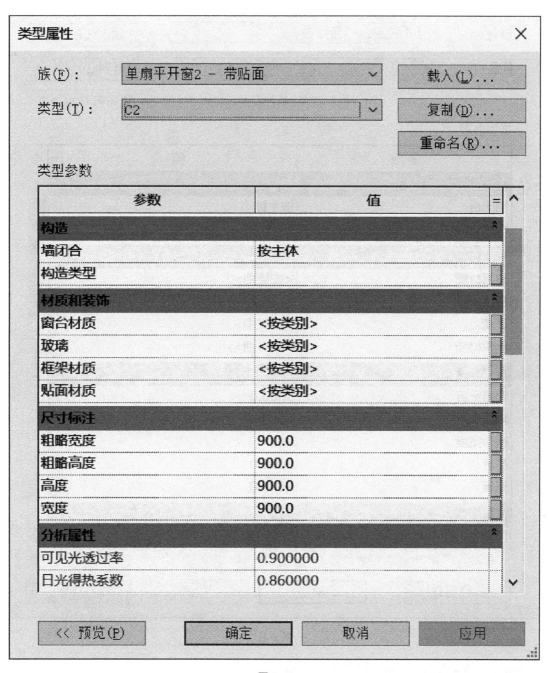

图 5-40

在【建筑】选项卡【构建】面板中选择【窗】，复制创建窗为【C3】并修改宽度为3000mm，高度为2000mm，如图5-41所示。

在【建筑】选项卡【构建】面板中选择【窗】，复制创建窗为【C4】并修改宽度为

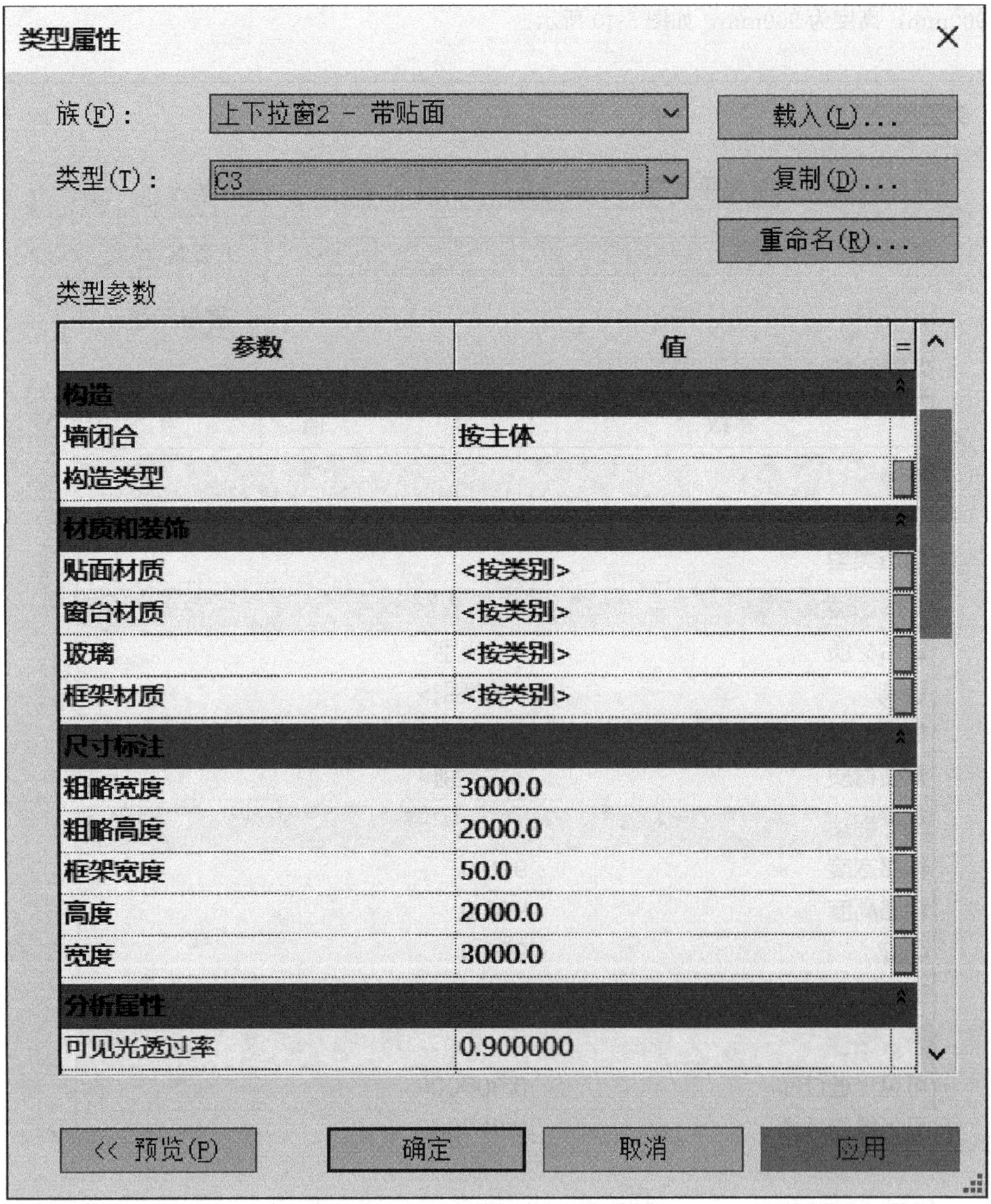

类型属性 ✕

族(F): 上下拉窗2 - 带贴面 ⌄ 载入(L)...

类型(T): C3 ⌄ 复制(D)...

重命名(R)...

类型参数

参数	值	=
构造		
墙闭合	按主体	
构造类型		
材质和装饰		
贴面材质	<按类别>	
窗台材质	<按类别>	
玻璃	<按类别>	
框架材质	<按类别>	
尺寸标注		
粗略宽度	3000.0	
粗略高度	2000.0	
框架宽度	50.0	
高度	2000.0	
宽度	3000.0	
分析属性		
可见光透过率	0.900000	

<< 预览(P) 确定 取消 应用

图 5-41

1800mm，高度为 1200mm，如图 5-42 所示。

放置窗 C1，如图 5-43 所示。

然后在一层中进行 C1，C2，C3 的放置，如图 5-44 所示。

二层、三层、四层的窗如图 5-45、图 5-46 所示。

创建门，复制创建【M1】【M3】【M4】，如图 5-47～图 5-49 所示。

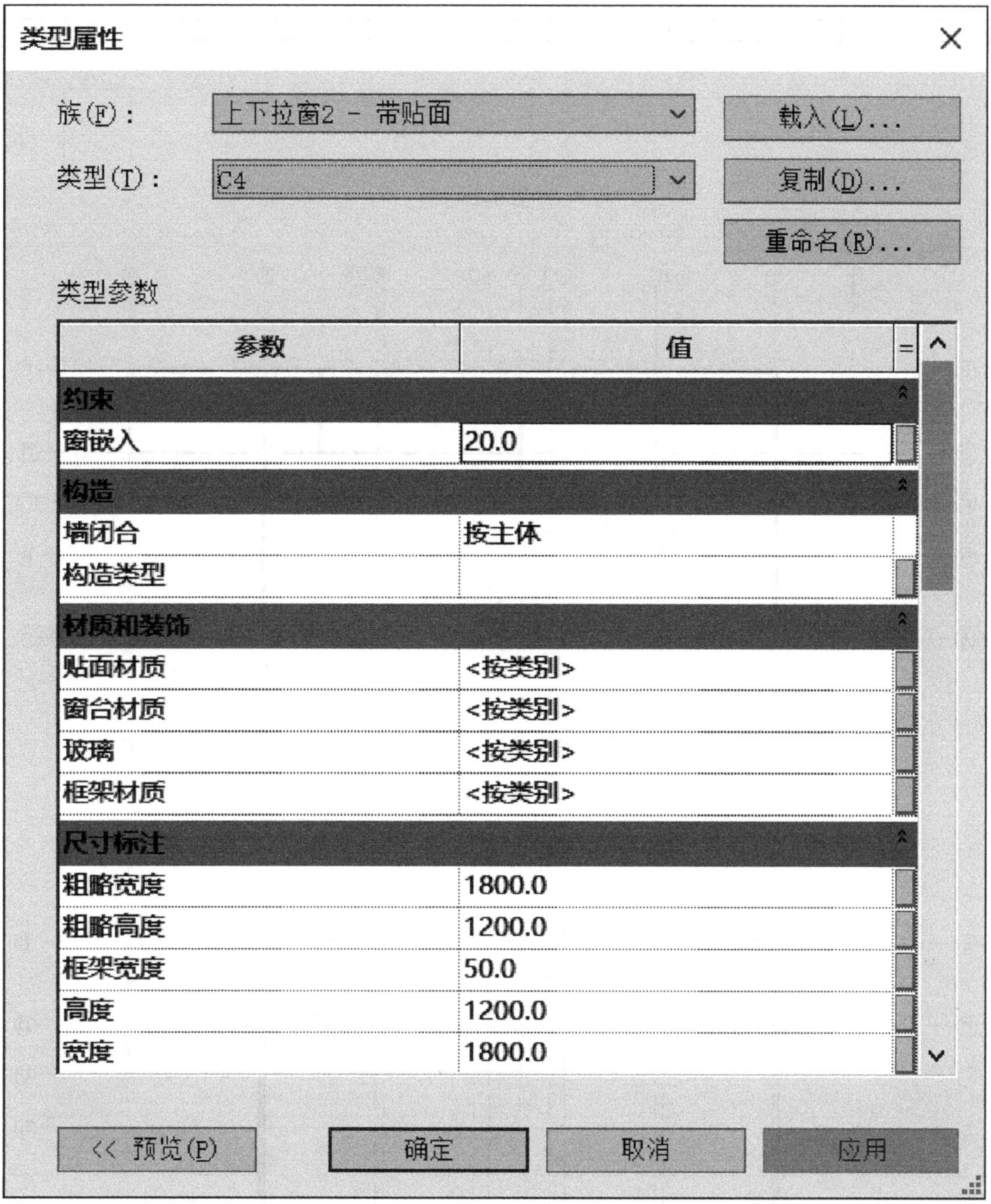

类型属性			✕
族(F)：	上下拉窗2 - 带贴面	∨	载入(L)...
类型(T)：	C4	∨	复制(D)...
			重命名(R)...

类型参数

参数	值	=
约束		⌃
窗嵌入	20.0	
构造		⌃
墙闭合	按主体	
构造类型		
材质和装饰		⌃
贴面材质	<按类别>	
窗台材质	<按类别>	
玻璃	<按类别>	
框架材质	<按类别>	
尺寸标注		⌃
粗略宽度	1800.0	
粗略高度	1200.0	
框架宽度	50.0	
高度	1200.0	
宽度	1800.0	

《 预览(P)　　　确定　　　取消　　　应用

图 5-42

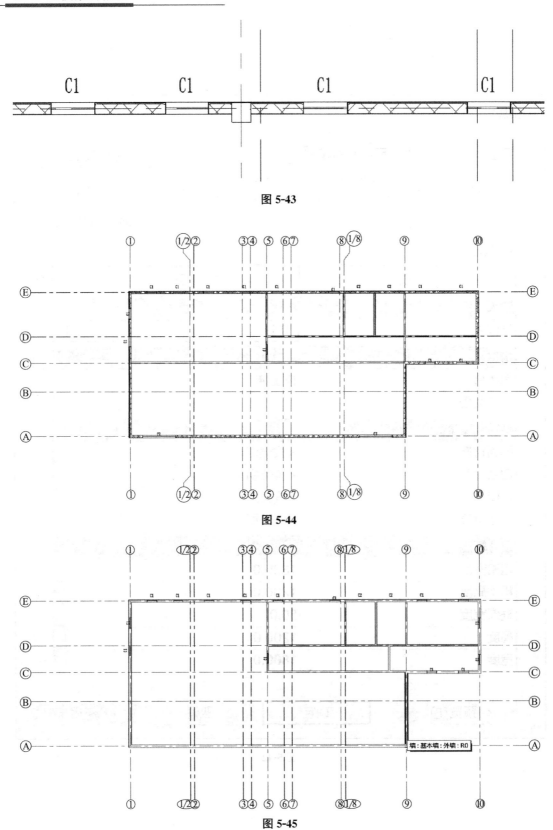

图 5-43

图 5-44

图 5-45

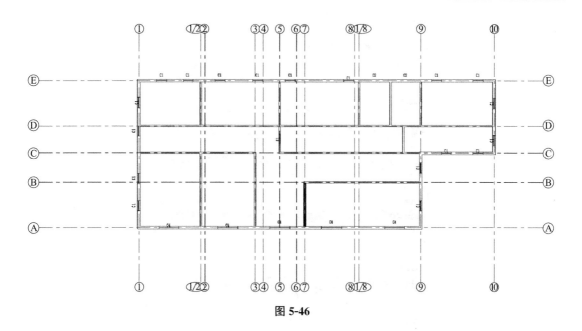

图 5-46

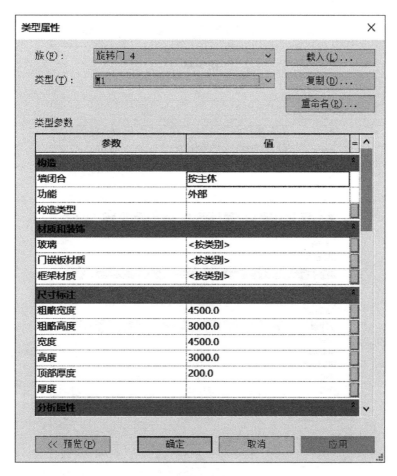

图 5-47

图 5-48

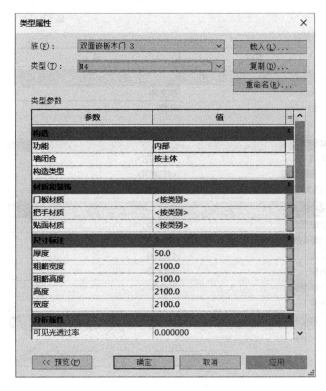

图 5-49

创建结束之后，将门放置到图中，如图 5-50～图 5-52 所示

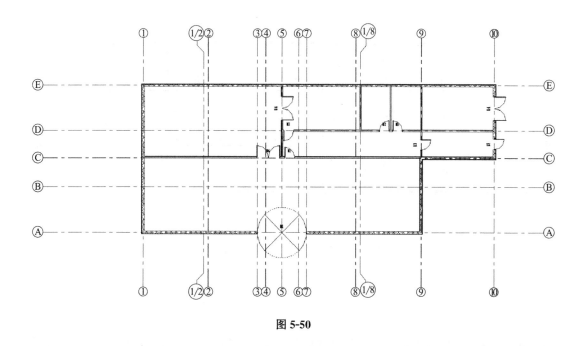

图 5-50

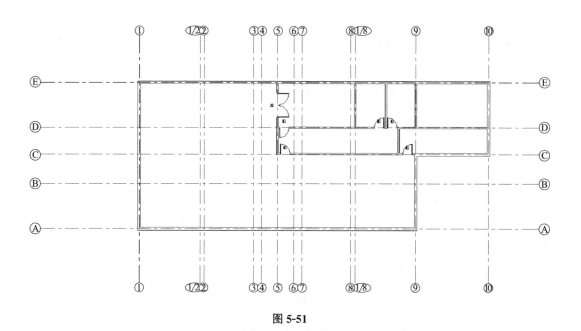

图 5-51

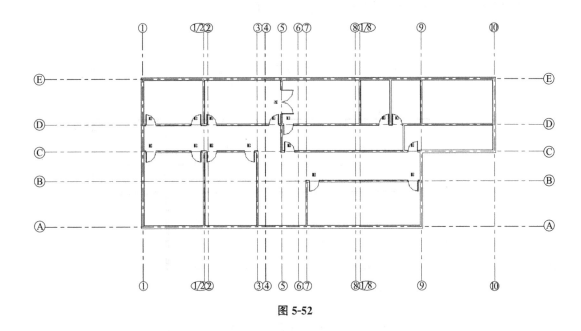

图 5-52

5.7
创建柱

任务 9 创建柱

首先选择【建筑】选项卡【构建】面板中的【柱】命令，选择【结构柱】。如图 5-53 所示。

在【属性】面板中点击【载入】，如图 5-54 所示。

在【结构】中找到【混凝土-矩形-柱】并对它进行【复制】，命名为【柱】，修改尺寸为 400mm×400mm，如图 5-55 所示。

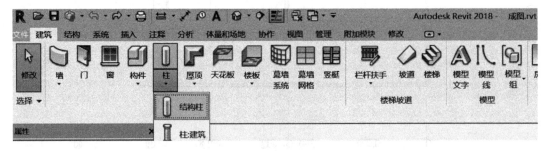

图 5-53

在 F1 楼层平面中，开始放置柱。柱的高度选择 F2，如图 5-56 所示。

在【修改】面板中选中【垂直柱】，如图 5-57 所示。

在放置柱时用<Tab>键和【对齐】命令进行调整。修改后柱的放置情况如图 5-58 所示。

图 5-54

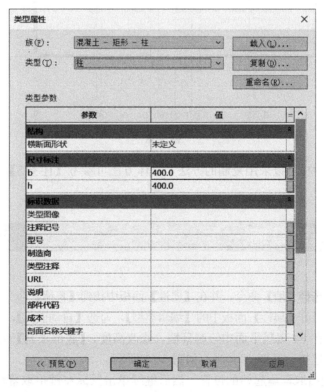

图 5-55

图 5-56

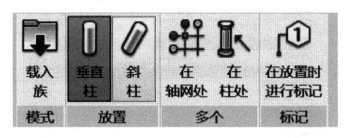

图 5-57

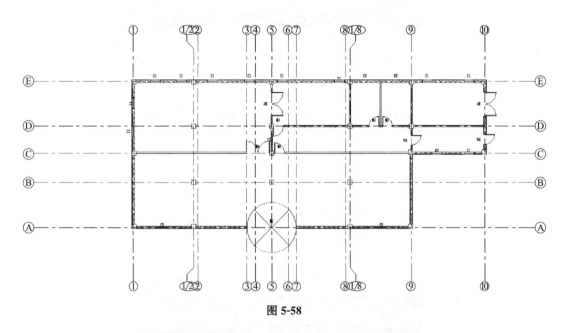

图 5-58

F2，F3，F4 的柱可以采用复制的方法，具体方法可参考【任务 5】。

任务 10 创建幕墙

5.8
创建幕墙

选择【墙】命令，并在【属性】面板中找到【幕墙】命令，如图 5-59 所示。

打开【属性】面板中的【编辑类型】，勾选【自动嵌入】，如图 5-60 所示。

在 F1 楼层平面中绘制幕墙，修改高度，【底部限制】为 F2，【顶部约束】为未连接，高度为 3000，如图 5-61 所示。

单击鼠标左键拾取幕墙起始的位置，然后继续单击鼠标左键拾取幕墙结束的位置。原来墙的位置会自动变成幕墙，如图 5-62 所示。

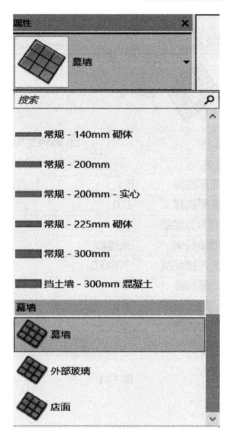

图 5-59

参数	值	=
构造		
功能	外部	
自动嵌入	☑	
幕墙嵌板	无	
连接条件	未定义	
材质和装饰		
结构材质		
垂直网格		
布局	无	

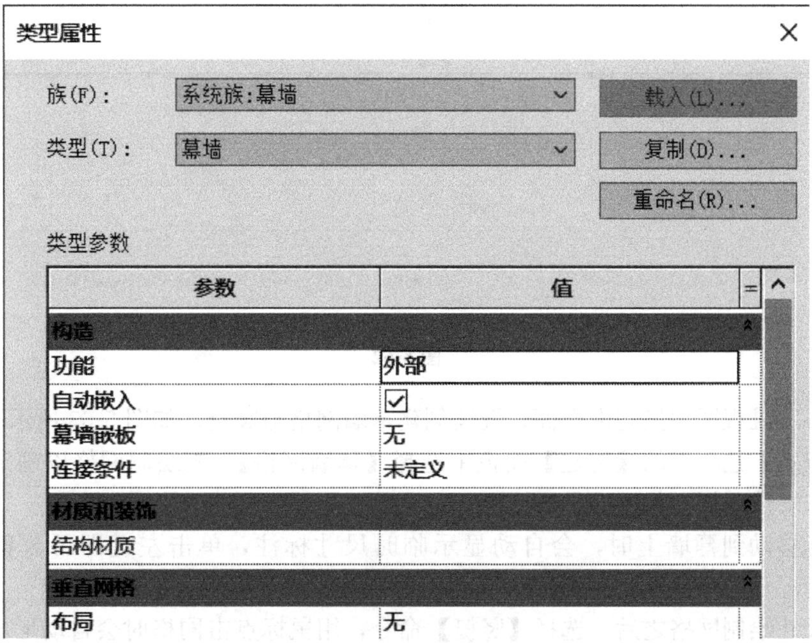

类型属性

族(F)：系统族:幕墙

类型(T)：幕墙

载入(L)...
复制(D)...
重命名(R)...

类型参数

图 5-60

图 5-61

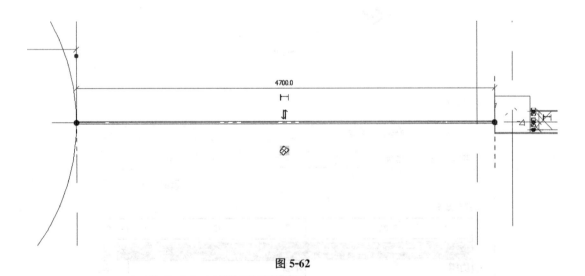

图 5-62

我们将三维视图切换到南立面，继续创建幕墙网格与竖梃，如图 5-63 所示。

在【建筑】选项卡的【构建】面板中选择【幕墙网格】，先绘制网格以确定竖梃的具体位置再来安放竖梃。如图 5-64 所示。

当光标移动到幕墙上时，会自动显示临时尺寸标注，单击左键即可放置网格，如图 5-65 所示。

按照尺寸绘制网格之后，选择【竖梃】命令，用鼠标点击网格时会自动形成竖梃，如图 5-66 所示。

图 5-63

图 5-64

图 5-65

图 5-66

然后需要做 M2，M2 是在幕墙中的门嵌板，首先，将鼠标放置在需要的嵌板边缘，使用<Tab>键，选中需要的嵌板，如图 5-67 所示。

图 5-67

然后在【属性】中的【载入】里载入一个门嵌板，如图 5-68 所示。

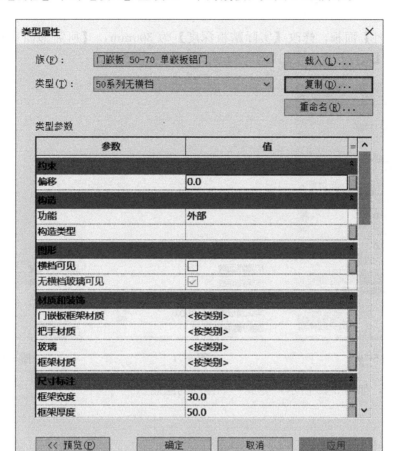

图 5-68

其余幕墙绘制方法相同。

任务 11　创建楼梯

在【建筑】选项卡中选择【楼梯】，如图 5-69 所示。

图 5-69

在 F1 中首先先修改楼梯的属性。在属性面板中将楼梯的类型改为【整体浇筑楼梯】。如图 5-70 所示。

点击【属性】面板，修改【实际踏板深度】为 300mm，【所需梯面数】为 24，如图 5-71 所示。【实际梯段宽度】为 1800mm。如图 5-72 所示。

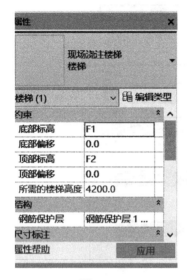

图 5-70

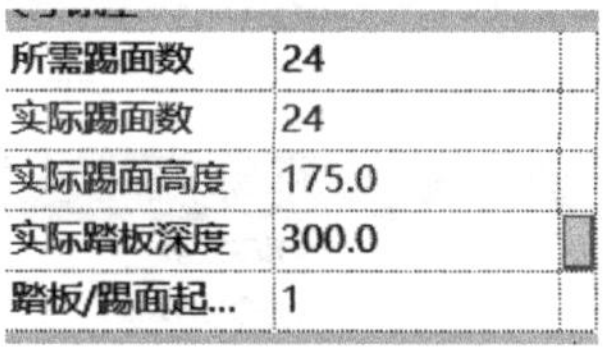

所需踢面数	24
实际踢面数	24
实际踢面高度	175.0
实际踏板深度	300.0
踏板/踢面起...	1

图 5-71

实际梯段宽度	1800.0
实际踢面高度	175.0
实际踏板深度	300.0
实际踢面数	12
实际踏板数	11

图 5-72

开始绘制，如图 5-73 所示，完成一个楼梯的绘制。

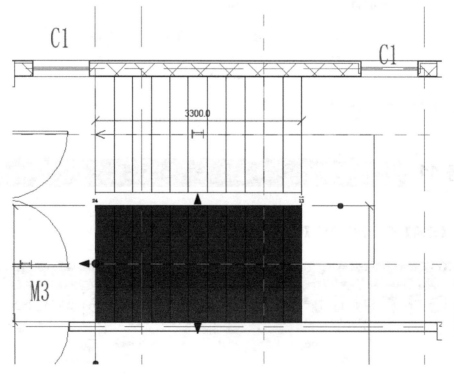

图 5-73

第二个楼梯可以绘制一条【参照平面】采取【镜像】的方式完成，如图 5-74 所示，如图 5-75 所示。

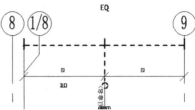

图 5-74

图 5-75

完成后如图 5-76 所示。

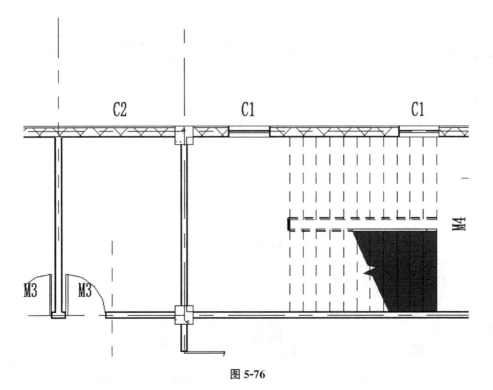

图 5-76

F2 的楼梯绘制方法同 F1，但【所需梯面数】修改为 20，如图 5-77 所示。

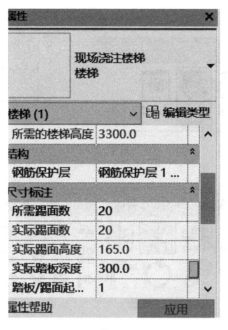

图 5-77

F3 的楼梯与 F2 相同，可以采用复制粘贴的方式进行绘制，具体可参考【任务 5】

任务 12　创建楼梯洞口

5.9
创建楼梯
洞口

下面开始创建洞口。在【建筑】选项卡中选中【竖井】命令，如图 5-78 所示。在 F2 中开始按照楼梯的轮廓绘制【竖井】的轮廓，如图 5-79 所示。

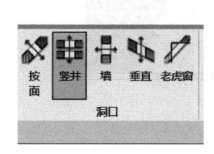

图 5-78

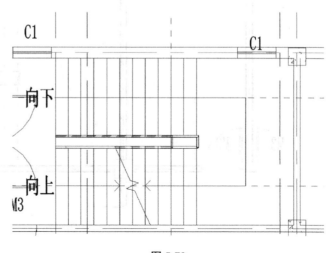

图 5-79

修改【属性】面板中竖井的【底部限制条件】与【顶部约束】。如图 5-80 所示。

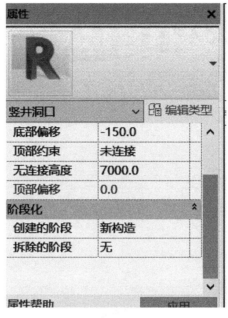

图 5-80

完成绘制，另一个楼梯洞口的创建步骤与第一个一致。

任务 13　创建散水

5.10
创建散水

在项目 1 中，学习了族的基本概念，本节中要利用轮廓族来创建散水。

单击应用程序菜单按钮，选择【新建】，创建族，出现了族库界面，选择【公制轮廓】族样板，开始绘制散水轮廓，如图 5-81 所示。

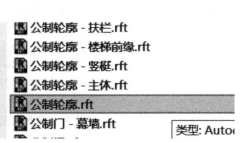

图 5-81

族的创建界面与模型的创建界面有些不同，如图 5-82 所示。

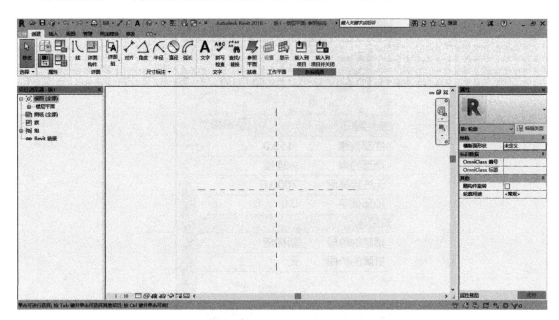

图 5-82

使用直线绘制如图 5-83 所示。

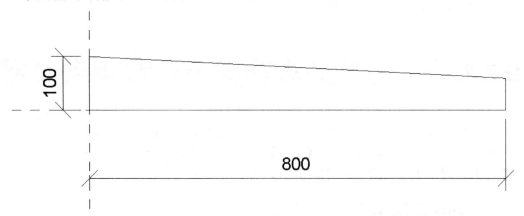

图 5-83

保存并载入项目中，文件名为【散水】，如图 5-84 所示。

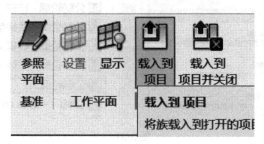

图 5-84

在三维视图中，选择【墙饰条】命令，并复制创建室外散水，如图 5-85 所示。

图 **5-85**

打开编辑类型，在【轮廓】中载入创建的【散水】轮廓族文件，如图 5-86 所示。

类型属性		
族(F)：	系统族：墙饰条 ∨	载入(L)...
类型(T)：	散水 ∨	复制(D)...
		重命名(R)...

类型参数

参数	值	=
约束		
剪切墙	☑	
被插入对象剪切	☐	
默认收进	0.0	
构造		
轮廓	散水：散水	
材质和装饰		
材质	<按类别>	
标识数据		
墙的子类别	墙饰条 - 檐口	
类型图像		
注释记号		
型号		
制造商		
类型注释		
URL		

<< 预览(P)	确定	取消	应用

图 **5-86**

单击墙体边缘即可放置散水，如图 5-87 所示。

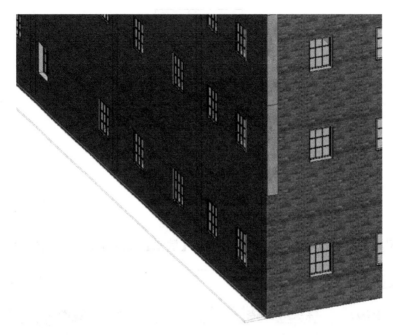

图 5-87

室外散水创建成功，创建完成情况如图 5-88 所示。

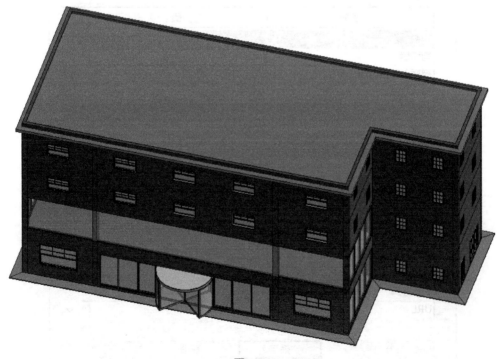

图 5-88

任务 14　创建台阶

单击应用程序菜单按钮创建一个新的台阶轮廓族，如图 5-89 所示。

图 5-89

绘制如图 5-90 所示的图形，保存并载入族中，文件名为【台阶】。

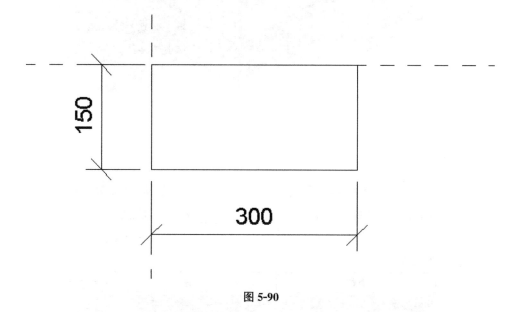

图 5-90

　在【楼层平面 F1】中创建台阶。首先选择【楼板：建筑】绘制台阶主体。如图 5-91 所示。

　单击【完成】。完成后如图 5-92 所示。

　在三维视图中，选择【楼板边】命令，并复制创建室外台阶，如图 5-93 所示。在【轮廓】中载入创建的【台阶】轮廓族文件。

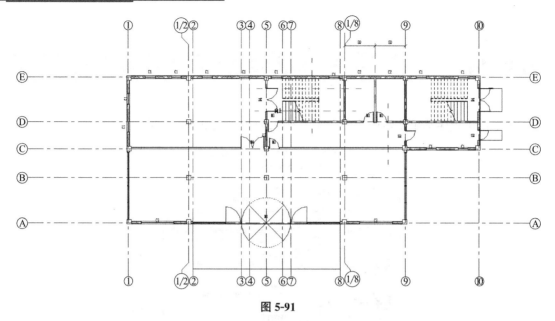

图 5-91

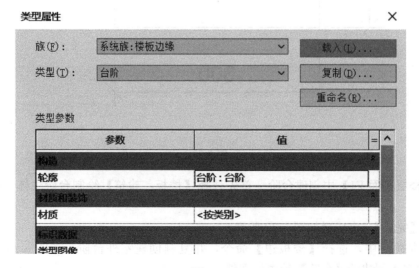

图 5-92

参数	值	=
构造		
轮廓	台阶：台阶	
材质和装饰		
材质	<按类别>	
标识数据		
类型图像		

类型属性

族(F)：　系统族：楼板边缘　　　　　载入(L)...

类型(T)：　台阶　　　　　　　　　　复制(D)...

　　　　　　　　　　　　　　　　　重命名(R)...

类型参数

图 5-93

单击刚刚创建的楼板边缘即放置成功，如图 5-94 所示。

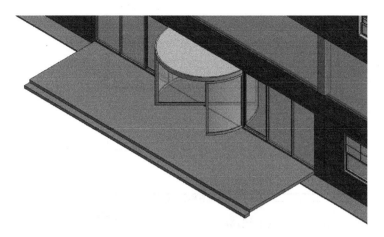

图 5-94

相同方法创建其他室外台阶，如图 5-95 所示。

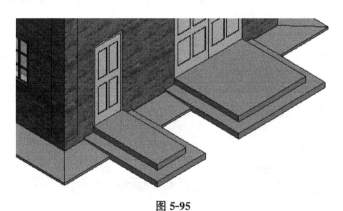

图 5-95

任务 15　创建坡道

在【建筑】选项卡的【楼梯坡道】面板中选择【坡道】，进入到创建坡道的界面中，如图 5-96 所示。

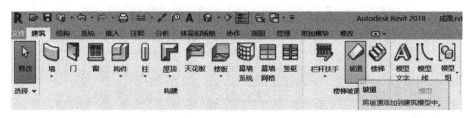

图 5-96

开始绘制坡道轮廓，如图 5-97 所示。

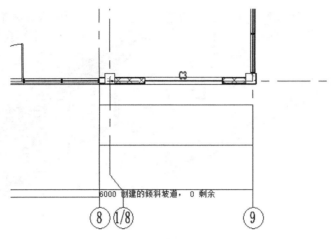

图 5-97

单击【属性】面板中的【编辑类型】，修改【造型】为【实体】将坡度最大坡度修改为"坡度的长度/坡道的高度"如图 5-98 所示。

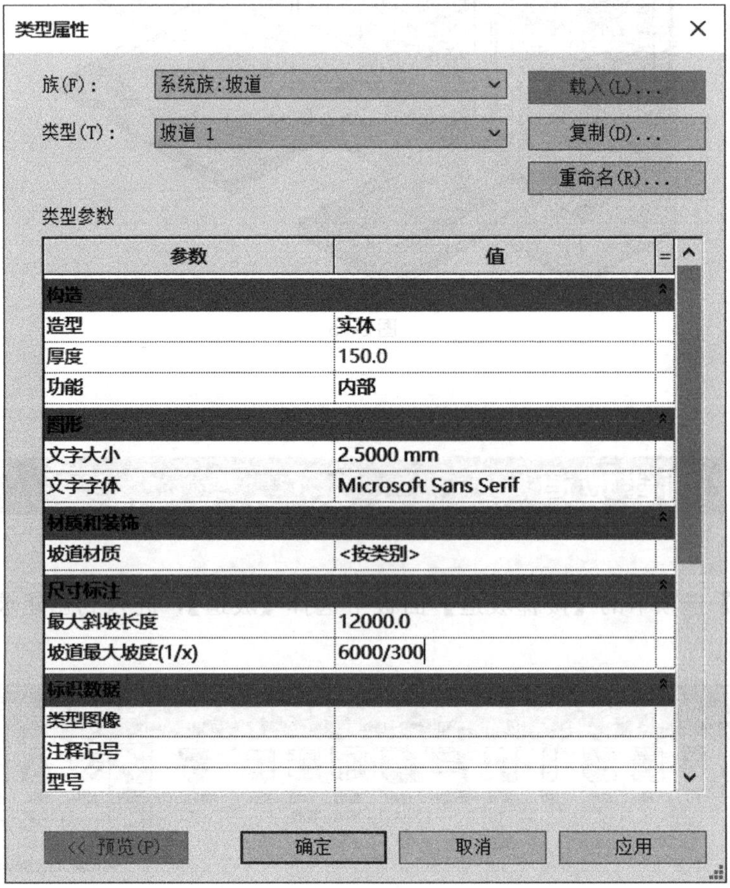

图 5-98

坡道绘制完毕如图 5-99 所示。

图 5-99

另一侧坡道绘制方法相同。完成后如图 5-100 所示。

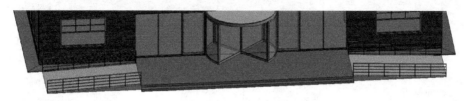

图 5-100

任务 16　创建场地

在【体量与场地】选项卡的【场地建模】面板中选择【地形表面】，进入到创建场地的界面中，如图 5-101 所示。

图 5-101

单机【放置点】命令，如图 5-102 所示。

图 5-102

进行点的放置，如图 5-103 所示。

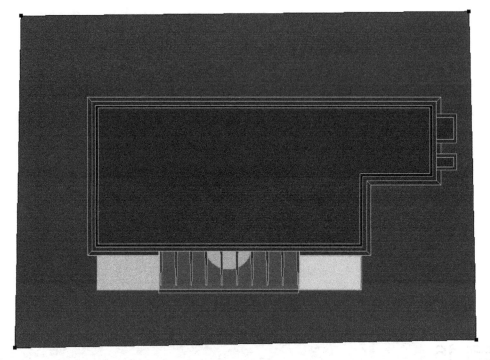

图 5-103

同时将点的高程修改到室外标高，如图 5-104 所示。

图 5-104

任务 17 创建雨篷

5.11
创建雨篷

在【插入】选项卡的【从库中载入】面板中选择【载入族】载入雨篷，如图 5-105 所示。

图 5-105

在【建筑】选项卡的【构件】面板中选择【构件】【放置构件】，如图 5-106 所示。

图 5-106

进行雨篷的放置，如图 5-107 所示。

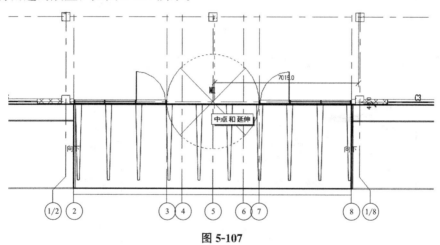

图 5-107

然后在【属性】中修改【偏移】为 3000，如图 5-108 所示。

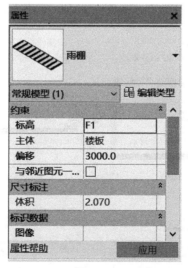

图 5-108

任务 18	创建明细表

5.12
创建明细表

在【视图】选项卡的【创建】面板中选择【明细表】单击【明细表/数量】，如图 5-109 所示。

在【过滤器列表】中，勾选【建筑】，如图 5-110 所示。

图 5-109

在【类别】中，选择【窗】，单击确定，如图 5-111 所示。

图 5-110

图 5-111

在【明细表属性】中，选择类型，高度，宽度，底高度，合计，如图 5-112 所示。

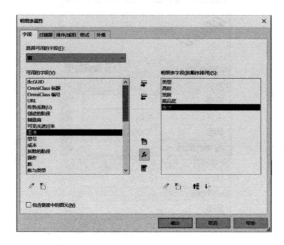

图 5-112

之后单击确定明细表会自动排布，如图 5-113 所示。

〈窗明细表〉				
A	**B**	**C**	**D**	**E**
类型	高度	宽度	底高度	合计
C1	1200	900	900	1
C1	1200	900	900	1
C1	1200	900	900	1
C1	1200	900	900	1
C1	1200	900	900	1
C1	1200	900	900	1
C1	1200	900	900	1
C1	1200	900	900	1
C1	1200	900	900	1
C1	1200	900	900	1
C1	1200	900	900	1
C1	1200	900	900	1
C1	1200	900	900	1
C2	900	900	1500	1
C2	900	900	1500	1
C3	2000	3000	900	1
C3	2000	3000	900	1
C1	1200	900	900	1
C1	1200	900	900	1
C1	1200	900	900	1
C1	1200	900	900	1
C1	1200	900	900	1
C1	1200	900	900	1
C2	900	900	1500	1
C2	900	900	1500	1
C1	1200	900	900	1
C1	1200	900	900	1
C1	1200	900	900	1
C1	1200	900	900	1
C1	1200	900	900	1

图 5-113

然后可以在【属性】中对明细表的排序，字段等进行修改，如图 5-114 所示。

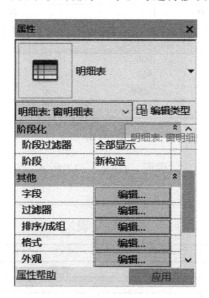

图 5-114

选择【排序/成组】将【排序方式】改为【类型】，并将【逐项列举每个实例】勾掉，如图 5-115 所示。

完成后，如图 5-116 所示。

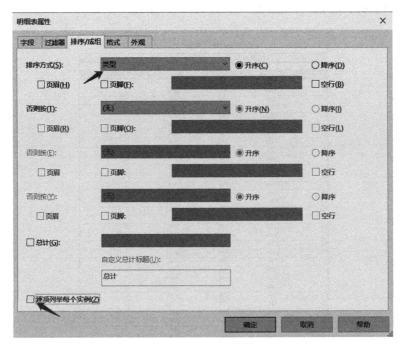

图 5-115

<〈窗明细表〉>

A	B	C	D	E
类型	高度	宽度	底高度	合计
C1	1200	900	900	66
C2	900	900	1500	8
C3	2000	3000	900	2
C4	1200	1800	900	10

图 5-116

门的明细表制作方式同窗，完成后，如图 5-117 所示。

<〈门明细表〉>

A	B	C	D
类型	高度	宽度	合计
M1	3000	4500	1
M2	2900	1425	2
M3	2100	900	41
M4	2100	2100	6

图 5-117

项目5　工作页 🔍

一、学习目标

1. 掌握 Revit 建模软件的基本概念和基本操作（建模环境设置，项目设置、坐标系定义、标高及轴网绘制、命令与数据的输入等）。

2. 掌握样板文件的创建（参数、族、视图、渲染场景、导入＼导出以及打印设置等）。

3. 掌握 Revit 参数化建模过程及基本方法：基本模型元素的定义和创建基本模型元素及其类型。

4. 掌握 Revit 参数化建模方法及操作：包括基本建筑形体；墙体、柱、门窗、屋顶、地板、天花板、楼梯等基本建筑构件。

5. 掌握 Revit 实体编辑及操作：包括移动、拷贝、旋转、阵列、镜像、删除及分组等。

6. 掌握模型的族实例编辑：包括修改族类型的参数，属性，添加族实例属性等。

7. 掌握创建 Revit 属性明细表及操作：从模型属性中提取相关信息，以表格的形式进行显示，包括门窗、构件及材料统计表等。

二、任务情境（任务描述）

1. 以商业公共建筑为例创建建模模型。

2. 设置建模环境设置，项目设置、坐标系定义、创建标高及轴网。

3. 创建墙体、柱、门窗、屋顶、地板、天花板、楼梯等基本建筑构件。

4. 创建模型中所需的族类型参数，属性，添加族实例属性等。

5. 创建 Revit 属性明细表，包括门窗、构件及材料统计表等。

6. 创建设计图纸，定义图纸边界、图框、标题栏、会签栏。

三、任务分析

1. 熟悉系统设置、新建 Revit 文件及 Revit 建模环境设置。

2. 熟悉建筑族的制作流程和技能。

3. 熟悉建筑方案设计 Revit 建模，包括建筑方案造型的参数化建模和 BIM 属性定义及编辑。

4. 熟悉建筑方案设计的表现，包括模型材质及纹理处理；建筑场景设置；建筑场景渲染；建筑场景漫游。

5. 熟悉建筑施工图绘制与创建。

6. 熟悉模型文件管理与数据转换技能。

四、任务实施

根据以下要求和给出的图纸，创建模型并将结果输出。建立新文件夹"输出结果"将结果保存着在该文件夹内。

1. BIM 建模环境设置

设置项目信息：①项目发布日期：2019 年 1 月 10 日；②项目编号：2019001-10。

2. BIM 参数化建模

（1）根据给出的图纸创建标高、轴线、建筑形体，包括：墙、门、窗、幕墙、柱、屋顶、楼板、楼梯、洞口。其中，要求门窗尺寸、位置、标记名称正确。未标明尺寸与样式不作要求。

（2）主要建筑构件参数要求见表 5-1、表 5-2、表 5-3。

3. 创建图纸（图 5-118～图 5-125）

创建门窗表，要求门包括：类型，宽度，高度，合计。窗包括：类型，宽度，高度，底高度，合计。

4. 模型文件管理

（1）用"教学楼"为文件名命名，并保存项目。

（2）将"F1 平面图"导出为 AutoCAD DWG 文件，命名为"F1 平面图"。

表 5-1

建筑构造表				
外墙	10 厚红色外墙外涂料	楼板	10 厚水泥砂浆
	280 厚混凝土砌块		140 厚混凝土
	10 厚灰色外墙内涂料	屋顶	10 厚黄色涂料
内墙	10 厚内墙涂料		30 厚空气保温
	180 厚松散石膏板		10 厚水泥砂浆
	10 厚内墙涂料		200 厚混凝土
柱	400×400 混凝土柱		10 厚水泥砂浆

表 5-2

〈窗明细表〉				
A	B	C	D	E
类型	高度	宽度	底高度	合计
C1	2700	2100	1000	11
C2	1800	1500	1000	3
C3	1500	6080	1000	1
C4	1800	2100	900	42
C5	1800	3000	900	7
GC1	1500	2100	2200	2

表 5-3

〈门明细表〉			
A	B	C	D
类型	高度	宽度	合计
M1	2575	1850	2
M2	2500	1500	2
M3	2000	750	6
M4	2000	750	15
M5	2500	1500	2

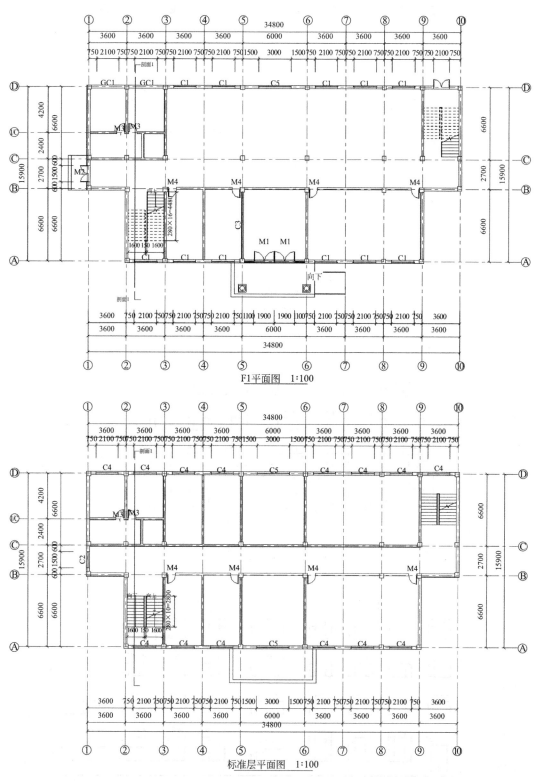

F1平面图 1:100

标准层平面图 1:100

图 5-118

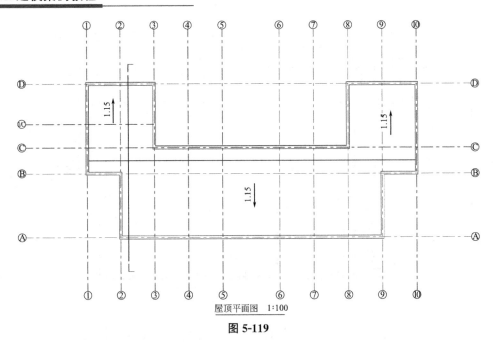

图 5-119

图 5-120

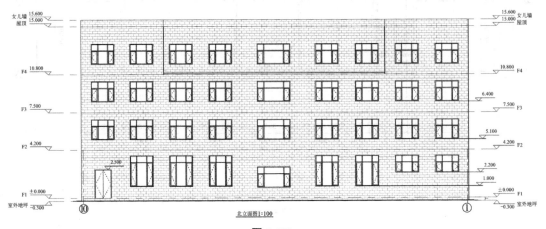

图 5-121

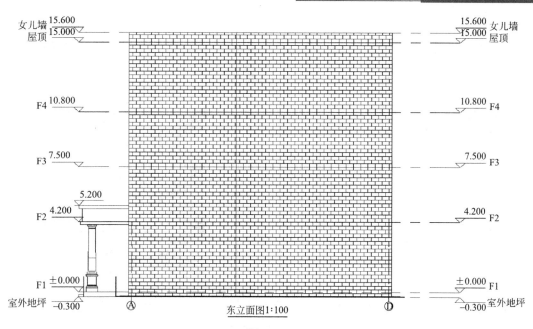

图 5-122

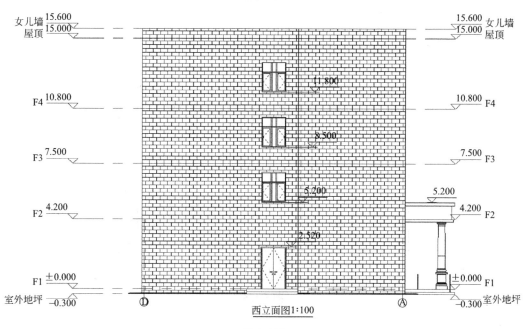

图 5-123

五、任务总结

1.培养学生熟练掌握系统设置、新建 Revit 文件及 Revit 建模环境设置操作。

2.培养学生熟练掌握 Revit 参数化建模的方法。

3.培养学生熟练掌握族的创建与属性的添加。

4.培养学生熟练掌握 Revit 属性定义与编辑的操作。

5.培养学生熟练掌握创建图纸与模型文件管理的能力。

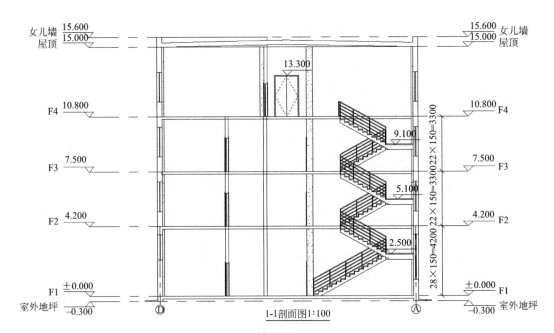

图 5-124

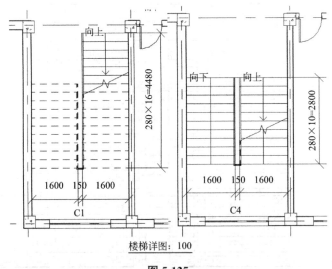

楼梯详图：100

图 5-125

参考文献

［1］刘鑫，王鑫.Revit 建筑建模项目教程.北京：机械工业出版社，2017

［2］王鑫，刘晓晨.全国 BIM 应用技能考试通关宝典.北京：中国建筑工业出版社，2018

［3］廖小烽，王君峰.Revit 2013/2014 建筑设计火星课堂.北京：人民邮电出版社，2013

［4］何凤，梁瑛.中文版 Revit 2018 完全实战技术手册.北京：清华大学出版社，2018

［5］李恒，孔娟.Revit 2015 中文版基础教程 BIM 工程师成才之路.北京：清华大学出版社，2015

［6］孙仲健，肖洋，李林，聂维中.BIM 技术应用——Revit 建模基础.北京：清华大学出版社，2018

［7］林标锋，卓海旋，陈凌杰.BIM 应用：Revit 建筑案例教程.北京：北京大学出版社，2018